云架构模式
Cloud Architecture Patterns

[美] 比尔·怀尔德（Bill Wilder）著

陈洋　吕健　译

Beijing · Boston · Farnham · Sebastopol · Tokyo　

O'Reilly Media, Inc. 授权中国电力出版社出版

图书在版编目（CIP）数据

云架构模式 /（美）比尔·怀尔德（Bill Wilder）

著；陈洋, 吕健译 . -- 北京：中国电力出版社，2025.

6. -- ISBN 978-7-5198-9961-5

I. TP393.027

中国国家版本馆 CIP 数据核字第 20250WX203 号

北京市版权局著作权合同登记 图字：01-2025-0901 号

出版发行：中国电力出版社
地　　址：北京市东城区北京站西街 19 号（邮政编码 100005）
网　　址：http://www.cepp.sgcc.com.cn
责任编辑：刘 炽（liuchi1030@163.com）
责任校对：黄 蓓，王小鹏
装帧设计：Karen Montgomery，马冬燕
责任印制：杨晓东

印　　刷：三河市航远印刷有限公司
版　　次：2025 年 6 月第一版
印　　次：2025 年 6 月北京第一次印刷
开　　本：750 毫米 ×980 毫米 16 开本
印　　张：12.5
字　　数：259 千字
印　　数：0001—2500 册
定　　价：68.00 元

O'Reilly Media, Inc.介绍

O'Reilly以"分享创新知识、改变世界"为己任。40多年来我们一直向企业、个人提供成功所必需之技能及思想，激励他们创新并做得更好。

O'Reilly业务的核心是独特的专家及创新者网络，众多专家及创新者通过我们分享知识。我们的在线学习（Online Learning）平台提供独家的直播培训、互动学习、认证体验、图书、视频，等等，使客户更容易获取业务成功所需的专业知识。几十年来O'Reilly图书一直被视为学习开创未来之技术的权威资料。我们所做的一切是为了帮助各领域的专业人士学习最佳实践，发现并塑造科技行业未来的新趋势。

我们的客户渴望做出推动世界前进的创新之举，我们希望能助他们一臂之力。

业界评论

"O'Reilly Radar博客有口皆碑。"

——*Wired*

"O'Reilly凭借一系列非凡想法（真希望当初我也想到了）建立了数百万美元的业务。"

——*Business 2.0*

"O'Reilly Conference是聚集关键思想领袖的绝对典范。"

——*CRN*

"一本O'Reilly的书就代表一个有用、有前途、需要学习的主题。"

——*Irish Times*

"Tim是位特立独行的商人，他不光放眼于最长远、最广阔的领域，并且切实地按照Yogi Berra的建议去做了：'如果你在路上遇到岔路口，那就走小路。'回顾过去，Tim似乎每一次都选择了小路，而且有几次都是一闪即逝的机会，尽管大路也不错。"

——*Linux Journal*

目录

前言

本书聚焦于云原生应用程序（cloud-native applications）的开发。云原生应用程序的架构设计借鉴了在一些全球最大、最成功的互联网企业中被验证有效的特定工程实践。尽管这些实践中的许多方法看似"剑走偏锋"，但对前所未有的伸缩性和效率的需求推动了它们的发展，并在真正需要它们的少数公司中得到了采用。当一种方法被成功应用足够多次后，它就演变成一种模式（pattern）。在本书中，模式指的是可以重复使用并能达到预期效果的一种方法。本书中所介绍的全部模式都会对应用程序的架构产生影响，有些是微小的变化，有些则是显著的改动。

在以前，实现这些模式不仅需要耗费大量的资金，同时也伴随着巨大的风险，这让绝大多数公司望而却步。随着时代的变迁，这些情况已经发生了翻天覆地的变化。现如今，云计算平台所提供的服务大大降低了实施这些模式的风险和成本。其原因就在于这些服务可以完成应用程序中大部分复杂的内容。尽管使用这些模式所带来的预期收益没有发生变化，但实现这些收益的成本和复杂性却大大降低了。目前，这些过去"鲜有使用"的模式都可以被大多数现代应用程序所使用。

云平台所提供的服务简化了云原生应用程序的构建过程。

本书中收录的架构模式对构建云原生应用程序都非常有帮助。虽然这些模式并非为云环境量身定制，但都与云环境密切相关。

简而言之，云原生应用依托于云平台服务，能够根据当前需求高效、自动地进行横向资源分配，处理短暂性故障和硬件故障从而避免停机，并最大限度地减少网络延迟。本书将详细解释这些概念。

哪怕一个不需要支持数百万用户的应用程序，也可以从云原生模式中获益。除了伸缩性，这些模式还能为 Web 和移动应用程序带来其他的好处。本书将对这些内容进行深入探讨。

这些模式假设使用了某种云平台，但并未限定具体的云平台。关于基本预期的内容已在第 1 章伸缩性入门中进行了概述。

 本书不会帮助你将传统应用程序直接"原封不动"地迁移到云端。

目标读者

本书适合已经参与或希望参与到有关软件架构，尤其是云架构相关工作中去的人群。其目标读者不限于架构师，开发者、CTO、CIO，以及具有技术背景的测试人员、设计师、分析师、产品经理等所有希望对基本概念进行了解的人，都可以从本书中受益。

对于想要深入学习的读者，学习路径会有所不同。普通读者只需阅读本书所提及的内容即可，而对于希望深入了解的读者，本书只是一个起点。附录中提供了许多额外阅读的参考资料。

本书缘起

自 Windows Azure 平台在 2008 年微软专业开发者大会（PDC）上被发布以来，

我一直致力于云计算的研究。为了加速研究进程，我于 2009 年创建了波士顿 Azure 云用户组，开始撰写有关云计算的文章并进行演讲，随后进入咨询领域。我发现许多技术人员尚未意识到那些被他们长久使用的传统应用程序构建技术与构建云原生所使用的技术之间的有趣差异。

 关于云计算，最重要的讨论更多集中在架构而非技术本身。

这本书是我在开始学习云计算和 Azure 时，甚至是在十年前学习伸缩技术时，希望能够读到的一本书。由于当时没有这样一本书，所以我决定亲自撰写一本。本书中的原则、概念和模式正变得日益重要，使得这本书比以往任何时候都更具现实意义。

本书的基础假设

本书假设读者了解云计算的基本概念，并对如何使用云服务（如 Windows Azure、Amazon Web Services、Google App Engine 或类似的公共或私有云平台）构建应用程序有一定的认识。本书并不要求读者熟悉云原生应用程序的概念，也不要求了解如何利用云平台服务来构建云原生应用程序。

本书旨在传授知识和提供信息。虽然书中的内容有助于读者理解云架构，但并没有直接建议使用哪种特定的模式。本书的目标是为读者提供足够的信息，帮助他们做出明智的决策。

本书主要关注概念和模式，而不是讨论成本问题。读者在使用云平台服务时，应当在成本和开发工作量之间进行权衡。建议先熟悉所选云平台的价格计算器，以便更好地评估和管理相关费用。

本书收录了一些对设计云原生应用程序有用的架构模式。本书的重点并不在于如何实现（除非是为了帮助理解所需的内容），而是关注何时以及为什么需要应用某些模式，并探讨在 Windows Azure 中哪些功能可能对实现这些模式有所帮助。本书有意避免深入到具体的实现细节，因为针对这些内容已经有很多现成的资源可供参考，而且这样做也会偏离本书的核心重点 —— 架构设计。

本书并未全面讲解如何构建云应用程序，而是专注于通过各模式章节，帮助读者理解每种模式在构建云原生应用程序中的价值。因此，本书并未覆盖所有细节，而是强调全局视角。例如，在第 7 章数据库分片模式中，没有讨论诸如优化查询或分析查询计划等技术，因为这些技术在云环境中与传统环境并无不同。此外，本书的目标不是提供开发指导，而是为架构设计提供一些选项，同时引用了一些资源以帮助实现这些模式，但这些并非本书的主要内容。

本书内容编排

本书包含两部分：入门篇和模式篇。

以下是各章节的具体内容：

第 1 章，伸缩性入门
　　本章介绍了伸缩性的概念，重点解释了垂直伸缩和水平伸缩之间的关键区别。

第 2 章，水平伸缩计算模式
　　本章探讨了水平伸缩计算节点的基本模式。

第 3 章，基于队列的工作流模式
　　本章介绍了一种松耦合的关键模式，主要关注请求从用户界面异步发送到相应服务的过程。该模式是 CQRS 模式的一个子集。

第 4 章，自动伸缩模式
　　本章介绍了实现自动化操作的关键模式，使水平伸缩更实用且更具成本效益。

第 5 章，最终一致性入门

本章介绍了最终一致性及其使用方法。

第 6 章，MapReduce 模式

本章重点介绍了如何应用 MapReduce 数据处理模式。

第 7 章，数据库分片模式

本章介绍了一种高级模式，重点讲述如何通过分片实现数据的水平伸缩。

第 8 章，多租户与商品化硬件入门

本章介绍了多租户和商品化硬件的概念，并解释了云平台为何使用这些技术。

第 9 章，忙音模式

本章探讨了当云服务响应程序请求时返回的是忙音信号而非成功时，应用程序应如何应对。

第 10 章，节点故障模式

本章探讨了当运行应用程序的计算节点关闭或发生故障时，应用程序应如何应对。

第 11 章，网络时延入门

本章介绍了网络时延的基本概念，并解释了网络延迟造成时延的原因。

第 12 章，共址模式

本章介绍了一种基础模式，重点讲述如何通过同地部署来避免不必要的网络延迟。

第 13 章，代客密钥模式

本章重点介绍了如何在不受信任的客户端环境中高效使用云存储服务。

第 14 章，CDN 模式

本章重点介绍了如何通过分布在全球的边缘缓存减少常用文件的网络延迟。

第 15 章，多站点部署模式

本章介绍了一种高级模式，重点讲述如何将单个应用程序部署到多个数据中心。

附录，补充阅读

包含相关参考资料，供读者深入了解书中提到的基础知识和模式内容。

入门篇是为了确保读者具备理解模式所需的背景知识，因此它们出现在相关模式章节之前，以打下必要的基础。模式篇是本书的核心内容，描述了如何解决云环境中可能遇到的特定挑战。

由于单个模式往往会对多个架构问题产生影响，因此它们很难被简单的划分层次或分类。因此，每个模式章节都包括以下几个部分：

影响：列出模式在架构中可能产生影响的领域。

背景知识：说明何时在云环境中可能需要使用该模式。

机制：解释模式的工作原理。

示例：基于"照片页面"（PoP）示例应用程序和 Windows Azure 平台，讨论如何应用该模式。

总结：提供简要概述。

此外，书中包含许多跨章节的引用，以突出模式之间的重叠部分以及它们如何组合使用。

尽管"示例"部分使用的是 Windows Azure 平台，但它作为章节的核心内容应被仔细阅读，因为它介绍了应用该模式的具体实例。

本书旨在保持厂商中立，但模式章节中的"示例"部分不可避免地使用了Windows Azure 的特定术语和功能。在可能的情况下，本书会尽量使用现有的被大家熟知的概念和模式名称。而对于尚无标准供应商中立名称的模式和概念，则提供了新的命名。

在 Windows Azure 上构建照片页面

每个模式章节都会先介绍一种云架构模式，然后详细描述一个与该模式相关的具体用例。这一用例旨在提供应用该模式来改进云原生应用程序的实际示例。整本书使用了同一个示例应用程序 ——"照片页面"（Page of Photos）。

"照片页面"应用程序简称 PoP，是一个简单的 Web 应用程序，允许用户创建账户并向账户中添加照片。

每个 PoP 账户都会获得一个专属的网页地址，该地址由主域名和文件夹名组成。例如，*http://www.pageofphotos.com/widaketi* 展示的是文件夹名为 *widaketi* 下的照片。

之所以选择 PoP 应用程序作为示例是因为它易于理解，同时也具备足够的复杂性来演示各种模式，而不会因示例的细节而干扰对模式的讲解。

大家了解这么多有关 PoP 的信息就足以阅读本书了。每个模式章节的"示例"部分，都会基于 Windows Azure 平台来为 PoP 添加新功能，并且与该章节讨论的云模式密切相关。

 PoP 应用程序不仅是为本书读者创建的具体示例，还可以用于验证一些模式的可行性。可以通过访问 *http://www.pageofphotos.com* 查看它的实际效果。

PoP 应用程序示例基于 Windows Azure，但概念同样适用于 Amazon Web Services 等其他云服务平台。本书之所以选择 Windows Azure 是因为作者对此平台有着深入的专业知识，并知晓其作为云原生应用开发平台的丰富功能和强大能力。这是一个非常务实的选择。

术语说明

尽管在某些上下文中，"服务"（service）"系统"（system）等其他术语也同样适用，但本书中广泛使用了"应用（application）"和"Web 应用"（web application）这两个术语。必要时会使用更为具体的术语作为替换。

排版约定

本书采用以下排版约定。

斜体（*Italic*）

　　表示新术语、URL、电子邮件地址、文件名和文件扩展名。

等宽字体（`Constant width`）

　　表示程序清单，在段落内表示程序元素，例如变量、函数名称、数据库、数据类型、环境变量、语句和关键字。

粗体等宽字体（**`Constant width bold`**）

　　表示应由用户原封不动输入的命令或其他文本。

斜体等宽字体（*`Constant width italic`*）

　　表示应该替换成用户提供值的文本，或者由上下文决定的值。

 表示提示、建议或一般性注释。

 表示警告或注意事项。

示例代码使用说明

本书旨在帮助读者完成工作。一般情况下，读者可以在自己的程序和文档中使用本书中的代码，无需特别获得许可，除非需要复制代码中的大量内容。例如，编写一个使用本书中多个代码片段的程序不需要许可。出售或分发包含本书示例代码的 CD-ROM 则需要获得许可。在回答问题时引用本书并引用代码示例无需许可。在产品文档中加入本书中的大量代码示例则需要获取许可。

我们欢迎但不强制要求署名归属。署名通常包括书名、作者、出版社和 ISBN 号。例如，"*Cloud Architecture Patterns* by Bill Wilder (O'Reilly). Copyright 2012 Bill Wilder, 978-1-449-31977-9"。

如果读者认为对代码示例的使用超出了上述许可或合理使用范围，请随时通过 *permissions@oreilly.com* 与我们联系。

O'Reilly 在线学习平台（O'Reilly Online Learning）

O'REILLY® 近 40 年来，O'Reilly Media 致力于提供技术和商业培训、知识和卓越见解，来帮助众多公司取得成功。

公司独有的专家和改革创新者网络通过 O'Reilly 书籍、文章以及在线学习平台，分享他们的专业知识和实践经验。O'Reilly 在线学习平台按照您的需要提供实时培训课程、深入学习渠道、交互式编程环境以及来自 O'Reilly 和其他 200 多家出版商的大量书籍与视频资料。更多信息，请访问网站：*https://www.oreilly.com/*。

联系我们

任何有关本书的意见或疑问，请按照以下地址联系出版社。

美国：

O'Reilly Media, Inc.

1005 Gravenstein Highway North

Sebastopol, CA 95472

中国：

北京市西城区西直门南大街 2 号成铭大厦 C 座 807 室（100035）

奥莱利技术咨询（北京）有限公司

我们为本书创建了一个网页，其中列出了勘误、示例及其他相关信息。读者可以访问以下页面：*http://oreil.ly/cloud_architecture_patterns*。

如需要对本书发表评论或提出技术问题，请发送电子邮件至：*errata@oreilly.com.cn*。

欲了解更多关于我们图书、课程、会议及新闻的信息，请访问我们的网站：*http://www.oreilly.com*。

我们的 Facebook：*http://facebook.com/oreilly*。

我们的 Twitter：*http://twitter.com/oreillymedia*。

我们的 YouTube：*http://youtube.com/oreillymedia*。

致谢

这本书之所以比我自己单独写出来的要好得多，完全得益于许多才华横溢的人们慷慨的支持。我非常高兴许多家人、朋友和同事（注意；这些类别并非互斥）愿意花费宝贵的时间来帮助我创作一本更好的书。以下按照大致的参与顺序列出。

Joan Wortman（用户体验专家）是第一个审阅最早书稿的人（那些书稿阅读起来非常痛苦）。令我高兴的是 Joan 一直陪伴我，直到最后的书稿，还持续提供了宝贵且深刻的意见。她还非常有创意，帮助我一起构思书中的插图。Elizabeth O'Connor（马萨诸塞艺术学院插画专业学生）为书中美丽的插图创作了原始版本。Jason Haley 是第二位审阅早期书稿的人（当时的书稿依然难以阅读）。后来，Jason 热情地成为了本书的官方技术编辑，他曾一本正经地说，"哦，这还是同一本书吗？"看来，随着时间的推移这本书确实变得更好了。Rahul Rai（微软）对每个章节提供了详细的技术反馈和建议，展示了对书中每个领域的深入理解。Nuno Godinho（Aditi 的全球云解决方案架构师）对早期书稿发表了评论，并指出了一些令人容易混淆的概念问题。Michael Collier（Neudesic 的 Windows Azure 全国架构师）为所有章节提供了详细的意见和许多建议。Michael 和 Nuno 都是 Windows Azure 的 MVP。John Ahearn（非凡的存在）让书中的每一章都更加清晰和易读，不知疲倦地审阅章节并提供详细的修改建议。John 没有校对的句子，如果他校对了，我确信他会让句子变得更好。Richard Duggan 是我认识的最聪明，也是最有趣的人之一。我总是期待他的反馈，因为他的意见不仅能让这本书变得更好，还会让我在这个过程中捧腹大笑。Mark Eisenberg（Fino Consulting）提出了发人深省的反馈，帮助我更清晰地理解主题，并更加切中要点。Jen Heney 对最初的章节提供了有益的评论和修改。Michael Stiefel（Reliable Software）提供了尖锐而深刻的反馈，真正促使我写出更好的书。Mark 和 Michael 在多个地方让我重新思考我的写作方法。Edmond O'Connor（SS&C Technologies Inc.）在需要时提供了许多改进意见，并确认了正确的方向。Nazik Huq 和 George Babey 过去几年一直帮助我管理波士顿 Azure 用户组，他们的书评也帮助我写出了更好的书。来自波士顿 Azure 社区的 Nathan Pickett（KGS Buildings）审阅了整本书，为每一章都提供了反馈，并且是少数几个真正回答了我在文本中向审阅者提出的烦人问题的人之一。John Zablocki 应我的临时请求审阅了其中一章；他的反馈既快速又有帮助。Don McNamara 和 William Gross（都来自 Geek Dinner）提供了有用的反馈、良好的质疑，甚至是鼓励。Liam McNamara（顶尖的软件专家，同时也是我在都柏林酒吧的私人向导）在书稿的后期阶段审阅了整本书，发现了许多错误，并提供了更好的示例和更清晰的表达。Will

Wilder 和 Daniel Wilder 校对了各个章节，确保本书内容合情合理。Kevin Wilder 和 T.J. Wilder 在忙音模式和网络时延模式的背景知识小节中的数据分析、校对，以及撰写照片页面示例应用程序时提供了帮助。感谢所有人提供的宝贵帮助、支持、见解和鼓励！

特别感谢 O'Reilly 团队，尤其是与我直接合作过的人员：编辑 Rachel Roumeliotis（从本书的构想到完成全程参与）、产品编辑 Holly Bauer 和文字编辑 Gillian McGarvey。也感谢幕后其他工作人员的支持。特别要感谢 Julie Lerman（她住在佛蒙特州的 Long Trail 附近），是她改变了我对这本书的想法。起初我只打算写一本简短的自出版电子书，但 Julie 把我介绍给了 O'Reilly，他们对我的想法非常感兴趣，最终签约出版。于是就有了这本书。顺便说一下，Julie 的《Programming Entity Framework》（*http://shop.oreilly.com/product/9780596807252.do*）一书的序言要比这篇更有趣！

我相信我的母亲会为我写这本书感到非常自豪。她一直对我的软件事业充满兴趣，并且总是愿意听我滔滔不绝地讲述我正在创造的技术奇迹。我的父亲也觉得我写书这件事非常酷，并期待着在封面上看到"他的"名字，终于，在这么多年之后，以他名字命名的儿子没有辜负期望（没错，我是小 Bill）。

最重要的是，我非常感谢我的妻子 Maura，她的鼓励和支持使这本书成为可能。如果没有她的不懈支持，就没有这本书。

第 1 章

伸缩性入门

本章解释了伸缩性，并重点介绍了垂直伸缩和水平伸缩之间的关键差异。

伸缩是指为应用程序分配资源并高效管理这些资源，以尽可能地减少资源竞争。当应用程序所需的资源超出可用资源时，会给用户体验（UX）带来负面的影响。伸缩的两种主要方法是垂直伸缩（vertical scaling）和水平伸缩（horizontal scaling）。垂直伸缩比较简单但限制较多，而水平伸缩虽然复杂，但其伸缩的能力远超垂直伸缩。水平伸缩更符合云原生特性。

本章假设讨论的对象是分布式多层 Web 应用程序的扩展，尽管这些原则也适用于更广泛的场景。

 本章内容除特别说明外，并不特定于云环境。

1.1 伸缩性的定义

应用程序的伸缩性（scalability）是衡量其能够同时高效支持用户数量的指标。当应用程序无法有效处理更多用户时，便达到了其伸缩性的上限。伸缩性的上限通常出现在某个关键硬件资源耗尽时。通过添加硬件资源可以提升伸缩性。应用程序通常所需的硬件资源包括 CPU、内存、磁盘（容量和吞吐量）以及网络带宽。

应用程序可以运行在多个节点（node）上，这些节点拥有各自的硬件资源。计算节点（compute node）用于运行应用程序的逻辑，数据节点（data node）则用于存储数据。虽然还有其他类型的节点，但这两种是最主要的节点类型。一个节点可以是物理服务器的一部分（通常是一个虚拟机）、一台物理服务器，甚至是一组服务器的集群。当不需要关心底层资源时，使用节点这一通用术语会更方便。通常情况下，底层资源的具体细节确实无关紧要。

在公有云中，计算节点很可能是一台虚拟机，而通过云服务配置的数据节点通常是一个由多台服务器组成的集群。

只要应用程序能够有效利用新增的硬件资源，其伸缩性就可以通过这种添加新硬件的方式来提升。而添加资源的方式决定了所使用的伸缩方法：垂直伸缩或水平伸缩。

- 垂直伸缩（vertically scale up）是通过增加现有节点的资源来提升应用程序的整体容量。

- 水平伸缩（horizontally scale out）是通过增加节点数量来提升应用程序的整体容量。

这两种方法在使用时不是非此即彼的。所有应用程序都可以选择垂直伸缩、水平伸缩、两者兼用或全都不使用。例如，应用程序的某些部分只支持垂直伸缩，而其他部分则对两种伸缩都支持。

水平伸缩和垂直伸缩适用于所有资源，包括计算和数据存储。只要实现了其中一种伸缩方式，通常不需要更改应用程序逻辑即可实现伸缩。不过，将应用程序从垂直伸缩转换为水平伸缩通常需要进行较大的修改。

1.1.1 垂直伸缩

垂直伸缩，也称为纵向伸缩（vertical scaling）或向上伸缩（scaling up），是指通过增加硬件资源来提高单个节点的处理能力。这包括增加内存、增加CPU内核数或对单个节点的其他硬件进行升级。

垂直伸缩具有广泛的适用性，较低的风险和复杂性，一直以来都是常用的伸缩方式。而且与算法优化相比，硬件升级的成本相对低廉。垂直伸缩同样适用于独立应用程序（如桌面视频编辑软件、高端视频游戏和移动应用）以及基于服务器的应用程序（如网页应用、分布式多人游戏和依赖后台服务执行复杂任务的移动应用，如地图和导航应用）。

 垂直伸缩受限于可用硬件的最大物理或技术能力。

 垂直伸缩还可以指在单台机器上运行多个软件实例。然而，本书中的架构模式仅将垂直伸缩视为与物理系统资源相关的伸缩方式。

我们无法保证存在功能足够强大的硬件，也无法保证硬件的价格总是可以负担得起。而且即使拥有了硬件，仍然受限于软件能够利用硬件资源的程度。

由于涉及硬件更改，这种方法通常需要停机才能实施。

1.1.2 水平伸缩

水平伸缩也称为横向伸缩（horizontal scaling）或向外伸缩（scaling out），是指通过增加完整的节点来提高应用程序的整体能力。每增加一个节点，通常会增加等量的资源，如相同数量的内存和 CPU。

垂直伸缩在架构上的难点与水平伸缩不同。在垂直伸缩中，难点是最大化单个节点的性能。而在水平伸缩中，难点是如何整合多个节点的性能。水平伸缩往往比垂直伸缩更复杂，对应用架构的影响也更为深远。垂直伸缩通常以硬件和基础设施为中心，即"通过增加硬件来解决问题"，而水平伸缩则更关注于开发和架构本身。根据所选择的伸缩策略，责任可能会落在不同部门的专家身上，这对于某些公司而言会使问题变得更加复杂。

不完美的术语

尽管"水平资源分配"（horizontal resource allocation）一词会更加贴切，但为了与行业惯用术语保持一致，这里使用了"水平伸缩"（horizontal scaling）一词。这一模式注重于如何分配和组合资源。应用程序的伸缩性只是使用该模式所带来的众多结果之一。关于这一模式的具体优势，将在定义云原生应用程序的章节中进一步列出。

 不要将在单个节点内通过并行或多核编程来充分利用 CPU 核心的方式与多个节点协同工作的方式相混淆。本书仅关注后者 —— 多个节点协同工作。

能够执行水平伸缩的应用程序通常是为特定功能来分配节点。例如，用于 Web 服务器的节点和用于计费服务的节点。当通过增加节点来提升整体能力时，是为特定功能（如 Web 服务器或计费服务）添加节点，而不是简单地"添加一个节点"，因为节点的配置是针对所支持的功能而定的。

当支持某一特定功能的所有节点在配置上完全相同时，即相同的硬件资源、相同的操作系统、相同的功能专用软件时，我们称这些节点是同质（homogeneous）的。

并不是应用程序中的所有节点都是同质的，仅限于同一功能内的节点。例如，Web 服务器节点是同质的，计费服务节点也是同质的，但 Web 服务器节点不需要与计费服务节点拥有相同的配置。

在同质节点中进行水平伸缩的效率会更高。

对同质节点进行水平伸缩是一个重要的化繁就简策略。如果节点是同质的，基本的轮询负载均衡可以很好地运行，无需复杂的分配逻辑。容量规划也更为简单，容易预测和调整资源。同时，自动伸缩规则的编写也更直观，因为所有节点的行为和资源需求一致。然而，如果节点之间存在差异，分配请求的工作会变得更加复杂，因为需要更多的上下文信息来实现合理的分配。

特定类型的节点（例如 Web 服务器节点）通常是独立运行的，彼此之间无需通信即可完成各自的任务。节点在资源协调上的依赖程度会直接影响效率：协调越少，效率越高。

独立节点（Autonomous Node）对同类型的其他节点毫无感知。

独立性非常重要，它可以使当前节点在不受其他节点影响的情况下保持自身的运行效率。

水平伸缩受限于新增节点的效率。最理想的情况是每个新增节点都能增加相同的可用能力。

1.1.3 对伸缩性的描述

通常对应用程序伸缩性的描述只涉及用户数量，例如，"可以扩展到 100 个用户。"如果能使用较为严谨的描述则会更有意义。请参考以下定义：

- 并发用户数（Concurrent users）：在特定时间间隔内（例如 10 分钟）有活动的用户数量。
- 响应时间（Response time）：从用户发起请求（例如点击按钮）到接收到完整响应所经过的时间。

响应时间因用户而异。一个好的对伸缩性的描述可以将并发用户数量和响应时间结合起来，共同作为衡量整个系统伸缩性的指标。

例如，当有 100 个并发用户时，响应时间分布如下：60% 的请求响应时间在 2 秒以内；38% 的请求响应时间在 2~5 秒之间；2% 的请求响应时间为 5 秒或更长。

好的开端始于有意义的描述。应用程序的不同功能对系统资源的影响也不尽相同。对功能的使用通常是混在一起的，如主页浏览、图片上传、观看视频、搜索等。有些功能的影响较小（如主页浏览），而另一些则影响较大（如图片上传）。一般情况下的使用比例可能是 90% 的低影响功能和 10% 的高影响功能，但这种比例可能会随着时间变化而有所不同。

应用程序还会有不同类型的用户。例如，一些用户可能通过 Web 浏览器直接与 Web 应用程序交互，而另一些用户可能通过原生移动应用程序间接访问资源（如通过 REST 接口服务）。其他因素也会造成影响，如用户的地理位置或他们所使用设备的性能。记录实际功能的使用情况和资源的消耗将有助于日后对这一模型进行改进。

以上这些指标有助于为应用程序制定伸缩性目标，或者为付费用户提供更正式的服务级别协议（service level agreement，SLA）。

1.1.4 伸缩单元

在进行水平伸缩时，我们会添加不同类型的同质节点。在这种方式下容量是可预测的，并且在理想情况下与具体的应用功能相匹配。例如，每增加 100 个用户，可能需要 2 个 Web 服务器节点、1 个应用服务节点和 100MB 的磁盘空间。

需要同时伸缩的资源组合被称为伸缩单元（scale unit）。伸缩单元是一个非常有用的建模概念。在第 4 章自动伸缩模式中会进一步探讨。

进行业务分析时，将伸缩性目标与按伸缩单元组织的资源需求相结合，对于预测成本非常有用。

1.2 资源竞争对伸缩性的制约

伸缩性问题本质上是资源竞争（resource contention）问题。限制伸缩性的并不是同时在线用户数量，而是对有限资源（如 CPU、内存和网络带宽）的竞争。当资源不足以满足每个用户的需求时，这些资源需要被共享，这会导致一些用户的操作变慢或被阻塞。这种情况被称为资源瓶颈（resource bottlenecks）。

例如，即使我们拥有高性能的 Web 服务器和数据库服务器，但如果网络连接的带宽不足以满足流量需求，那么瓶颈就在网络连接上。应用程序的性能受限于无法足够快地通过网络传输数据的能力。

想要突破当前瓶颈，我们需要减少对资源的需求或增加资源的容量。例如，为了解决网络带宽瓶颈，可以通过数据压缩来减少传输需求。

当然，消除了当前的瓶颈后，往往会暴露下一个瓶颈。如此循环往复。

缓解资源竞争

缓解资源竞争的方法有两种：一是降低资源的消耗速度，二是增加资源的数量。

不同应用程序对资源的利用效率高低不一。鉴于伸缩性受限于资源竞争，因此对应用程序进行优化时，如果能更有效地利用那些可能成为瓶颈的资源，就可以提升伸缩性。例如，优化数据库查询可以提高资源的使用效率（同时也会提升性能）。这种效率改进能够让系统每秒处理更多的事务，我们称之为算法优化（algorithmic improvements）。

然而，提高效率的同时往往需要权衡利弊。例如，数据压缩可以更有效地利用网络带宽，但会增加 CPU 的使用率和内存消耗。因此，在消除一个资源瓶颈时，务必要确保不会引入另一个瓶颈。

另一种方法是改进硬件。例如，我们可以升级移动设备以获得更多的存储空间，或者将数据库迁移到性能更强大的服务器，从而享受更快的 CPU、更多的内存以及更大更快的磁盘驱动器。摩尔定律（Moore's Law）明确指出：计算机硬件性能大约每两年翻一番。这也解释了为何改进硬件是可行的措施之一。我们将这种做法称为硬件改进（hardware improvements）。

 硬件的性能在逐年提升，其性价比也是如此。同样的资金每年都能带来更多的价值。

算法优化和硬件改进只能在一定程度上帮助我们突破限制，但其能力是有限的。在算法优化方面，我们受到自身智力的限制，无法不断提出新方法来更好地利用现有的硬件资源。而且算法优化在实施上可能成本高昂、风险较大且耗时较长。而硬件改进通常易于实施，但最终受限于可购买硬件的性能。如果所需硬件价格过于昂贵，或根本无法获得，也会导致改进受阻。

当我们无法想出更多的优化算法，又发现硬件改进的速度无法满足需求时，问题将变得更加棘手。这时就取决于我们的伸缩策略。如果我们采用的是垂直伸缩，可能会陷入瓶颈而无法继续扩展。

1.3 伸缩性是业务关注点之一

快速加载的网站有利于业务发展。根据 Compuware 对 33 主要零售商涉及 1000 万次主页访问的场景分析，页面加载时间延迟 1 秒会导致转化率降低 7%。Google 的研究表明，页面响应时间增加 500 毫秒会导致流量减少 20%。而 Yahoo! 的研究发现 400 毫秒的延迟会使流量下降 5% ~ 9%。Amazon.com 报告称，页面响应时间每增加 100 毫秒，零售收入会下降 1%。此外，Google 已经开始将网站性能作为其搜索引擎排名的参考因素之一（这些统计数据的来源见附录 A）。

有许多公司通过加速其 Web 应用程序，提高了客户满意度并增加了收入，同时也有更多因无法应对流量激增而导致应用崩溃的失败案例。人为引发的失败也时有发生，例如大型零售商在未充分准备的情况下进行在线促销活动。这种情况在美国感恩节后的星期一（即著名的"网络星期一"）尤其常见，这一天是网络购物的高峰期。甚至连超级碗广告也出现过类似的失误。

性能与伸缩性

有关 Web 应用程序速度（或"缓慢"）的讨论，有时会混淆两个概念：性能与伸缩性。

性能是单个用户的体验，而伸缩性则是有多少用户能够获得良好体验。

性能（Performance）是指单个用户的体验。处理单个用户的请求可能涉及数据访问、Web 服务器生成网页以及通过互联网传输 HTML 和图像等

多个步骤。每一步都需要时间来完成。当 HTML 和图像传送给用户后，Web 浏览器还需组装和渲染页面。完成所有这些步骤所需的时间决定了整体性能的上限。对于交互式 Web 应用程序而言，最重要的性能指标是响应时间。

伸缩性（Scalability）指的是有多少用户能够获得良好的用户体验。如果随着并发用户数量的增加，应用程序的性能仍能保持和单个用户时的一致，那么应用程序就是具有伸缩性的。例如，当有 10 个并发用户时的平均响应时间为 1 秒，而在 100 个并发用户时攀升至 5 秒，那么该应用程序就缺乏伸缩性。一个应用程序可能具有良好的伸缩性（在大量并发用户下仍能保持一致的性能），但性能表现未必理想（无论是 100 个用户还是 1 个用户，该性能可能始终较慢）。应用程序总会有一个出现伸缩性问题的临界点。例如，一个应用程序可能在 100 个并发用户以内表现良好，但当并发用户数超过 100 个时性能开始下降。在这种情况下，该应用程序伸缩性问题的临界点就是 100 个并发用户。

 网络延迟是影响用户体验的一个重要性能因素。关于这一主题的更深入讨论，请参见第 11 章网络时延入门。

1.4 云原生应用程序

这是一本关于构建云原生应用程序的书，因此明确定义"云原生应用程序"（cloud-native applications）这一术语至关重要。首先，我们列举了云平台（cloud platform）的基本特性，这是云原生应用程序得以运行的基础。接着，我们将讨论基于此类平台并运用本书中的模式和理念构建的云原生应用程序应具备哪些特性。

1.4.1 云平台的定义

以下列出了云平台的特性，而这些特性孕育了云原生应用程序。

- 水平伸缩：云平台提供了（无限资源的幻觉）支持，同时受限于单个虚拟机的最大容量。

- 资源释放灵活：受短期资源租赁模式的支持，云平台的伸缩能够像添加资源一样轻松地释放资源。

- 按使用计费：基于计量的按需付费模式，云应用程序只需支付当前分配的资源费用，并且所有使用成本透明可见。

- 自动化伸缩：通过自助、按需和编程化的资源配置与释放，云平台的伸缩可以实现自动化。

- 多租户优化：多租户服务运行在通用硬件上，这既是云平台的优势也是限制。云应用程序更注重成本优化而非高可靠性，出错是常态，但停机却很少发生。

- 简化开发：托管平台提供了丰富的服务生态系统（如虚拟机、数据存储、消息传递和网络服务），云应用程序的开发得以简化。

虽然这些特性在云环境之外也并非完全无法实现，但若所有特性同时具备，通常表明其依赖于云平台。尤其是 Windows Azure 和 Amazon Web Services 就具备所有这些特性。任何重要的云平台（无论是公共云、私有云，还是其他形式的云），都具备这些特性中的绝大多数。

本书中的模式适用于具备以上特性的云平台，对于只具备其中一部分特性的云平台来说，也同样可以从中受益。例如，一些私有云可能没有按需计费机制，因此"按使用付费"就不适用于该平台。然而，相关模式仍可以助其降低总体成本，从而为公司节省开支，即使节省的费用无法直接归因于具体的应用程序。

那么这些特性又是从哪里总结出来的呢？尽管细节不够详尽，但有公开的证据表明，像 eBay、Facebook 和 Yahoo! 这样具有大规模 Web 业务的公司，其内部云具有某些类似的能力。而最有说服力的则来自 Amazon、Google 和

Microsoft 这三大巨头。他们通过多年运营自身高容量基础设施的经验，开发了可以作为服务供其他公司使用的公共云平台。

本书将在各个章节中反复利用这些特性。

1.4.2 云原生应用程序的定义

云原生应用程序（cloud-native application）的架构设计旨在充分利用云平台的优势。云原生应用程序通常具备以下特性：

- 利用云平台服务提供的可靠且可伸缩的基础设施（"让平台解决复杂问题"）。

- 在松耦合架构中使用非阻塞的异步通信。

- 可以水平伸缩，随需求增长而添加资源，随需求减少而释放资源。

- 通过成本优化来高效运行，避免资源浪费。

- 进行伸缩时无需停机，也不会影响用户体验。

- 在短暂性故障情况下保持用户体验不受影响。

- 在节点故障时不会出现停机。

- 在地理位置上采用分布式以最小化网络时延。

- 无需停机即可升级。

- 可通过主动和被动的措施实现自动伸缩。

- 即使节点频繁变化，也能监控和管理应用程序日志。

从以上这些特性中我们可以看出，一个应用程序即使不支持数百万用户也能从云原生模式中获益。只要遵循本书中的模式来进行架构设计，就能构建出云原生应用程序。使用这些模式的应用程序相比那些虽使用云服务但非云原生的应用程序，通常具备以下优势：更高的可用性、较低的复杂性、较低的运营成本、更好的性能以及更高的最大伸缩性。

Windows Azure 和 Amazon Web Services 是功能齐全的公共云平台，非常适合运行云原生应用程序。然而，我们不能仅仅因为一个应用程序运行在 Azure 或 Amazon 上，就认为它是云原生的。两大平台都提供了平台即服务（PaaS）功能，这确实有助于开发者专注于云原生应用程序的业务逻辑，而非底层实现。同时，它们也提供了基础设施即服务（IaaS）功能，为运行非云原生应用程序提供了很大的灵活性。但是不能通过使用 PaaS 或 IaaS 来判断一个应用程序是不是云原生的。决定一个应用程序是否为云原生的关键在于其架构设计以及如何利用平台所提供的能力。

 使应用程序成为云原生的是其架构设计，而非平台的选择。

云原生应用程序并非适合所有场景。在大多数情况下，从一开始就将新的应用程序设计为云原生是最具成本效益的。然而，将传统应用程序转换为云原生通常需要重大（且昂贵）的改动，其收益可能不足以抵消成本。并不是每个应用程序都需要成为云原生，而且很多云应用程序也不需要实现 100% 的云原生化。是否采用云原生架构是一个业务决策，但需要以技术洞察为指导。

非 100% 云原生化的云应用程序也可以从本书所介绍的模式中受益。

1.5 总结

效率会影响伸缩性，而伸缩性又会影响性能。垂直伸缩和水平伸缩是常见的两种伸缩模式。垂直伸缩通常更易于实现，但相比水平伸缩，其限制更多。云原生应用采用水平分配资源的方式，而伸缩性只是其众多优势中的一个。

第 2 章

水平伸缩计算模式

这一基础模式聚焦于对计算节点进行水平伸缩，其关注点是云资源的高效利用和运维效率。

资源高效利用的关键在于无状态的独立计算节点。无状态节点并不意味着应用程序本身是无状态的。重要的状态可以存储在节点外部，例如云缓存或存储服务中。对于 Web 层，通常通过使用 Cookies 来实现。而 Service 层中的服务通常不使用会话状态，因此实现起来更加简单：所有需要的状态由调用方在每次调用时提供。

运维管理的关键在于依赖云服务的自动化，以减少部署和管理同质节点的复杂性。

2.1 背景知识

水平伸缩计算模式能够有效应对以下挑战：

- 需要实现计算节点的高性价比扩展，例如 Web 层或 Service 层中的扩展。

- 应用程序的容量需求超出（或在未来增长后可能超出）最大可用计算节点的容量。

- 应用程序的容量需求具有季节性、月度、每周或每日的变化，或者受到不可预测的使用高峰的影响。

- 应用程序计算节点需要将停机时间最小化，包括当遇到硬件故障、系统升级以及因伸缩导致的资源变化时能够保持弹性。

该模式通常与节点故障模式（涉及释放计算节点时的相关问题）和自动伸缩模式（涉及自动化处理的相关问题）结合使用。

云平台中的模式支持

公共云平台针对水平伸缩进行了优化。不管是实例化一个计算节点（虚拟机）还是实例化 100 个计算节点都同样简单。当部署了 100 个节点后，只需向云平台发出一个简单的请求，就可以轻松释放其中的 50 个节点。云平台可以确保所有节点都使用相同的虚拟机镜像进行部署，还会提供节点管理服务，并以服务的形式提供负载均衡功能。

2.2 影响

可用性、成本优化、伸缩性、用户体验。

2.3 机制

当云原生应用程序需要通过添加或释放计算节点来实现水平伸缩时，可以通过云平台管理用户界面、伸缩工具或直接使用云平台管理服务来完成。归根结底，管理用户界面和所有伸缩工具最终也都依赖于云平台管理服务。

管理服务需要指定以下内容：特定的配置（一个或多个虚拟机镜像或应用程序镜像），以及每种配置所需的节点数量。如果所需的计算节点数量大于当前节点数量，则会添加新的节点；如果所需的节点数量少于当前节点数量，则会释放多余的节点。节点数量（以及相应的成本）会根据需求随时间波动，如图 2-1 所示。

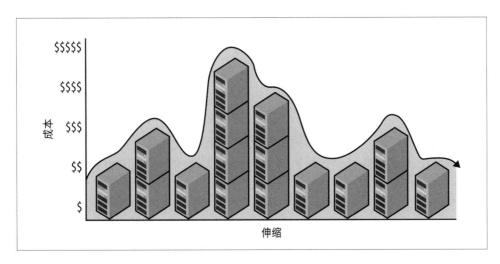

图 2-1：云伸缩的可逆性。成本会随时间的变化与伸缩规模的波动成正比

虽然这个过程非常简单，但由于节点会频繁的增加或减少，所以在管理用户会话状态和保持运行效率方面需要格外小心。

此外，理解为什么要为应用程序分配可变化的资源而不是固定的资源也很重要。这是因为可逆的伸缩能够帮助我们节省成本。

2.3.1 可逆的云伸缩

从以往来看，伸缩性通常与增加容量有关。虽然减少容量在技术层面上一直是可行的，但在实践中这种情况就像目睹独角兽一样罕见。几乎没有人会说："嘿，朋友们，公司时间报告系统运行得很顺畅，这个周末我们来把它迁移到性能较低的硬件上试试看会怎样。"这背后有这么几个原因。

精确确定应用程序的最大资源需求通常既困难又耗时，因此，比较安全的做法是超额配置。而且，硬件一旦被购买、部署并投入使用，组织内部几乎没有动力想去调整它。例如，如果公司时间报告系统大部分时间需求很小，但在周五需要 20 倍的容量，那么几乎没有人会尝试为这些"额外"资源去寻找在其他天的用途。

对于云原生应用程序来说，处理额外容量的风险和复杂性都大大降低了。我们只需将多余的资源归还给云平台（并停止为其付费），直到再次需要时再重新申请。而且，这一过程完全不需要任何物理操作。

云资源在需要时以短期租赁的方式被提供，包括虚拟机和服务。这种模式不仅是一项技术创新，更是一种商业模式的革新。它使可逆伸缩成为一种可行且重要的成本最小化工具。我们称可逆伸缩为弹性伸缩，因为它在扩展后能够轻松回收。

 实用且可逆的伸缩有助于优化运维成本。

如果分配的资源超出了需求，可以释放部分资源。同样，如果分配的资源无法满足需求，则可以增加资源以匹配当前需求。我们需要根据当前的资源需求，进行双向水平伸缩。这种方式能够最大限度地降低成本，因为在释放资源后，超出当前租赁周期的部分不再产生费用。

考虑所有租赁方案

这里提到的"超出当前租赁周期"非常重要。在云环境中，租赁周期的长度各不相同，从即时的（例如删除一个字节后立即停止为其存储支付费用），到按时间段计费（如虚拟机租赁），再到可能包含批量（或长期）购买的更长周期。批量购买是一种额外的成本优化策略，虽然本书未对此进行深入探讨，但不应忽视这一方案。

以一款只需在正常营业时间工作的业务应用程序为例，其可用性是每周 50 小时。而一周总共有 168 个小时，这意味着可以在剩余的 118 小时中释放多余的计算节点以节省成本。对于某些应用程序而言，在特定时间段内移除所有计算节点是可以被接受的，这可以最大限度地节约成本。不常使用的应用程序甚至可以按需部署，以进一步优化费用。

如果一款应用程序在大部分时间内的使用量很低，仅有少数人使用，但在每月的最后三个工作日却有数万人同时使用。我们可以根据使用模式来调整容量以匹配成本需求：在大部分时间仅部署 2 个节点，而在每月最后三个工作日将节点数量增加到 10 个。

对已部署容量进行调整的最简单方法是通过云供应商提供的基于 Web 的管理工具。例如，在 Windows Azure 门户网站 Amazon Web Services 控制面板中，只需点击几下鼠标即可轻松管理部署节点的数量。在第 4 章自动伸缩模式中，我们将探讨如何使这一过程更加自动化和动态化的其他方法。

云伸缩术语

本书之前已经提到过"垂直伸缩"（vertical scaling）与"向上伸缩"（scaling up）是同义词，"水平伸缩"（horizontal scaling）与"向外伸缩"（scaling out）也是同义词。在云环境中，由于可逆伸缩非常容易实现，其受欢迎程度远高于传统环境。从同义词中选出更合适的术语尤为重要。由于"向上伸缩"和"向外伸缩"更偏重表示容量的增加，因此不能充分体现云原生应用程序的灵活性。所以本书更倾向使用"垂直伸缩"和"水平伸缩"这两个术语。

 术语"垂直伸缩"和"水平伸缩"相较于"向上伸缩"和"向外伸缩"更为中性一些。这些中性术语不会暗示容量的增加或减少，而仅仅表示变化。它们更能准确地反映云原生伸缩的特性。

在描述具体的伸缩场景时，为了强调，可使用以下术语：垂直向上伸缩（vertically scaling up）、垂直向下伸缩（vertically scaling down）、水平向内伸缩（horizontally scaling in）、水平向外伸缩（horizontally scaling out）。

2.3.2 会话状态管理

设想一个运行在两个 Web 服务器节点上的应用程序，用户通过 Web 浏览器与其进行交互。一个首次访问应用程序的用户将一件商品加入购物车。那么，购物车数据应该存储在哪里呢？这个问题的答案取决于我们如何管理会话状态。

当用户与 Web 应用程序交互时，其上下文需要在页面之间跳转或使用单页面应用程序时被保持。这种上下文被称为会话状态（session state）。安全访问令牌、用户名以及购物车内容等都会以值的形式存储在会话状态中。

不同的应用程序层级，会话状态的管理方式也会有所不同。

会话状态因应用层级而异

Web 应用程序通常分为多个层级，通常包括 Web 层、service 层和 data 层。每一层可能由一个或多个节点组成：

Web 层：运行 Web 服务器，直接面向终端用户，为浏览器和移动设备提供内容。如果 Web 层中有多个节点，那么当用户通过浏览器访问应用程序时，应该由哪个节点来处理请求呢？这就需要一种方法能将访问用户分配到具体的节点上，通常通过负载均衡器来实现。对于新用户会话的第一个页面请求，负载均衡器一般会使用轮询算法将用户分配到某个节点，以平衡负载。那么，同一用户会话的后续页面请求该如何处理呢？这与会话状态的管理密切相关，后续章节将对此进行详细讨论。

Web 服务（简称服务）：通过标准网络协议（如 HTTP）在网络上提供功能。常见的 service 类型包括 SOAP 和 REST，其中 SOAP 在大型企业内部更为流行，而 REST 更常用于对外公开的服务。公共云平台通常倾向于采用 REST 风格。

Service 层：负责实现业务逻辑并对业务进行处理，供 Web 层和其他 Service 层的服务访问，但不直接向用户开放。该层的节点通常是无状态的。

Data 层：使用一种或多种类型持久化存储来存储业务数据。例如关系型数据库、NoSQL 数据库以及文件存储（在后续章节中我们称其为 Blob 存储）。有时，Web 浏览器会被授予对 Data 层中某些存储类型（文件、Blob）的只读访问权限。但这种访问权限通常不包括数据库。对 Data 层的更新要么在 Service 层内部完成，要么通过 Service 层进行管理，这一点在第 13 章 "代客密钥模式" 中有更详细的阐述。

Web 层中的黏滞会话

一些 Web 应用程序使用黏滞会话（sticky sessions），即当用户首次访问时，将其分配到一个特定的 Web 服务器节点。分配完成后，在此次访问期间，该节点负责处理用户的所有页面请求。这种机制需要两方面的支持：负载均衡器确保每个用户被引导到其分配的节点，而 Web 服务器节点则在页面请求之间存储用户的会话状态。

黏性会话的优点在于简单和便利：容易通过编码实现，而且在内存中存储用户的会话状态也十分方便。然而，当用户的会话状态存被储在特定节点上时，该节点就不再是无状态的，而成为一个有状态（stateful）的节点。

Amazon Web Service 的弹性负载均衡器支持黏滞会话。虽然 Windows Azure 的负载均衡器不支持，但可以通过在 Windows Azure 上的 Internet 信息服务（IIS）使用应用程序请求路由（ARR）来实现黏滞会话。

云原生应用程序不需要黏性会话的支持。

有状态节点面临的挑战

当有状态节点负责存储用户会话状态的唯一副本时，会引发一些用户体验上的挑战。如果管理某个用户黏滞会话状态的节点失效，该用户的会话状态也会随之丢失。这会迫使用户重新登录，或者导致购物车中的内容消失。

持有用户会话状态唯一副本的节点发生故障就属于单点故障，会话数据将随之丢失。

随着节点实例的动态调整，会话就有可能出现分布不均的情况。假设 Web 层有两个 Web 服务器节点，每个节点管理 1000 个活跃会话。为了应对午餐时段的流量高峰，添加了第三个节点。此时，标准的负载均衡器会随机分配新请求，而不是优先分配给这个新添加的节点并且直到该节点也达到 1000 个活跃会话为止。这使得新节点在分配中一直处于"追赶"其他节点的状态。接下来的 1000 个新会话会平均分配给每个节点，从而导致节点负载不均衡。在节点数量保持稳定的情况下，这种不均衡会随着旧会话的完成而逐渐得到解决。在此期间，负载过重的节点可能导致用户体验下降，而负载过轻的节点则会降低运维效率。那么该如何应对呢？

无状态节点中的会话状态

云原生方法提倡会话状态管理不应依赖于有状态节点。通过避免将用户会话状态存储在节点本地（即节点本身），而是将其存储在外部，可以让节点保持无状态。会话状态即使不存储在节点上，也需要存储在其他地方。

对于会话状态量非常小的应用程序，可以将所有状态存储在 Web Cookie 中。这种方式完全消除了本地会话状态，将状态数据嵌入到 Cookie 中，随用户的页面请求由浏览器负责传输。

当会话状态数据过大或 Cookie 效率不高时，可以采用混合方式。Cookie 用于存储由应用程序生成的会话标识符。会话标识符与服务器端的会话状态关联。在每次请求开始时，通过标识符检索并"复原"会话数据（rehydrate），并在请求结束时保存数据。云中有多种现成的数据存储选项可用，例如 NoSQL 数据存储、云存储和分布式缓存。

通过这些方法管理会话状态，Web 节点可以保持自治性，避免了有状态节点所带来的各种挑战。使用基本的轮询负载均衡方案，负载均衡器甚至都不需要感知会话状态。当然，这也使得所使用的存储机制担负了部分与伸缩性相关的职责。不过大多数云服务已经具备了应对这种需求的能力。

例如一种常见的实现是使用分布式缓存服务来外化会话状态。主流的公共云平台都提供了托管的分布式缓存服务，使用步骤非常简单。只需短短的几分钟，就可以配置完成并准备就绪。无需管理、升级、监控或复杂配置，只需开启服务并支付费用即可使用。

会话状态是为了让用户从一个页面跳转到另一个页面时保持连续性。这一需求同样适用于那些依赖会话状态进行身份验证并提供上下文的面向公众的Web服务。例如，一个单页面的Web应用程序或许会使用AJAX调用REST服务以获取JSON数据。由于这些服务是用户可访问的，因此它们也属于Web层。而其他服务则运行在Service层中。

Service层中的无状态服务节点

Service层中的Web服务没有公共端点（public endpoints），因为它们的存在是为了给应用程序内部提供支持。通常情况下，这些服务不依赖任何会话信息，是完全无状态的。每次调用时，调用方会提供所有必需的状态，包括安全信息（如果需要）。而某些内部Web服务不会对调用方进行身份验证，因为云平台的安全机制阻止了外部调用者访问它们。这种情况下，可以认为这些服务仅会被应用程序内部的可信子系统访问。

除此之外，Service层中的其他服务无法被直接调用。这些服务是第3章"基于队列的工作流模式"中所描述的处理服务。它们直接从队列中获取工作任务。

当使用无状态服务节点时，不会引入新的与状态相关的问题。

2.3.3 多节点管理

在复杂的云应用程序中，通常会存在多种节点类型，并且每种节点类型会有多个实例。这些实例的数量会随着时间的推移而发生改变。如果应用程序采用滚动升级的方式进行升级，即一次升级少量节点，则常使用混合部署的方式。

当计算节点频繁的增加或减少时，我们该如何跟踪并管理这些节点呢？

高效管理使水平伸缩成为可能

开发云应用程序时，我们需要为每种节点类型建立一个镜像。节点类型的划分依据是其上所运行的应用程序的实现代码。简单来说就是用代码来指代应用程序。例如：运行用 PHP 代码实现的网站，其节点类型需要创建一个镜像。而运行用 Java 代码实现的支付处理服务，其节点类型则需要创建另一个镜像。

创建节点镜像时，在 IaaS 上构建的是虚拟机镜像，而在 PaaS 上构建的是 Web 应用程序（例如，在 Windows Azure 上构建一个云服务）。一旦节点镜像被创建，云平台会负责将其部署到我们指定数量的节点上，并确保所有节点都是完全相同的。

不管是部署相同的 2 个节点，还是部署相同的 200 个节点，都同样简单。

云平台通常还会提供基于 Web 的管理工具，以便查看已部署的应用程序的当前规模和运行状况。

一开始我们得到的是一组本质上相同的节点。虽然之后可以对单个节点进行修改，但是应尽量避免这么做。因为这会让批量操作变得复杂。云平台通常支持将某个节点从负载均衡器的轮询中移除，以便在需要排查问题时进行诊断。排查完成后，建议对该节点重新镜像。云环境中，保持节点的同质性是管理的最佳实践，这有助于简化操作并支持更高效的水平伸缩。

大规模应用的容量规划

在云环境中，容量规划与传统非云场景有很大的不同。在大型企业的非云场景中，硬件采购流程往往需要持续数个月，这就使得容量不足以成为一个重大的风险。而在云环境中资源按需提供，因此容量规划的风险特性完全不同，无须非常精确。实际上，容量规划更多地转向对运维成本的预测，而非僵化的资本投资和漫长的规划周期。

云服务提供商承担了过度配置的财务负担和配置不足的声誉风险。后者会使客户对云平台的"无限容量"幻想破灭。这为客户提供了极大地便利性，即使计算失误导致实际需求超出或低于预期的容量，云服务也都能灵活应对。为客户既保持了灵活性，也节约了成本。

云资源真的是无限的吗？

我们常常听到这样的说辞，"公共云平台提供的资源是无限的。"显然，资源并非真正无限（"无限"是一个非常大的数量级），但可以认为当我们需要更多资源时，这些资源通常都是可用的（尽管不一定是立即可用）。这并不意味着每种资源本身具有无限容量，而是指可以按需请求任意数量的该类资源实例。

这也解释了为什么垂直伸缩具有局限性，尤其在云环境中更为明显。单个虚拟机或数据库实例的容量是有限的，超过该上限后便无法进一步扩展。相比之下，水平伸缩允许突破这一限制。如果需要超出单个实例的最大容量，可以通过分配额外的虚拟机或数据库实例来实现。当然，这种方法也引入了自身的复杂性，但本书中许多模式旨在帮助简化和应对这些复杂性。

配置虚拟机大小

水平伸缩通过添加所需数量的节点实例来增加资源。云端的计算节点是虚拟机，然而并非所有虚拟机都一样。云平台提供了多种虚拟机配置选项，这些选项在 CPU 核心数、内存大小、磁盘空间和网络带宽方面各不相同。选择最佳的虚拟机配置取决于应用程序的具体需求。

确定适合应用程序的虚拟机配置是水平伸缩中的重要一环。如果虚拟机规格过小，性能可能会不佳，甚至发生故障。如果虚拟机规格过大，运行成本可能过高，因为更大的虚拟机通常也更昂贵。

对于给定的应用程序节点类型来说，最优的虚拟机大小通常是能满足性能要求的最小规格。不同的应用节点类型对资源的需求不同。例如，对大型视频进行转码的节点会比发送账单的节点需要更大的虚拟机。那么，如何为应用程序确定合适的虚拟机规格呢？答案是测试。云环境使得使用多种虚拟机规格进行测试比以往任何时候都更为方便，所以请不要找任何理由来推托。

由于不同类型的计算节点使用资源的方式不同，因此虚拟机大小的选择需要针对每种计算节点类型单独进行配置和优化。这种针对性的调整可以确保性能和成本的最佳平衡，同时满足应用的具体需求。

局部故障

具有多个节点的 Web 层即使暂时因故障失去一个节点，也能够继续正常运行。这与单节点的垂直伸缩不同，Web 服务器不再是单点故障。当然，要实现这一点，至少需要运行两个节点实例。相关的故障场景将在第 8 章"多租户与通用硬件入门"和第 10 章"节点故障模式"中进一步讨论。

收集运维数据

应用程序每个运行着的节点上都会生成运维数据。虽然将日志信息直接记录到本地节点是一种高效的数据收集方式，但还不够完善。为了能真正有效利用这些日志数据，需要将它们从各个节点收集起来进行汇总。

在水平伸缩环境中，由于节点数量会随时间而变化，所以收集运维数据颇具挑战。系统需要能够自动化地从不断变化的节点集中收集日志文件。还要特别注意在节点释放之前捕获完整的日志数据，避免数据丢失。

有大量的第三方产品和开源项目专门用于日志收集、聚合和分析，这些工具可以简化操作。许多云平台也会提供相关服务，帮助用户更高效地管理和收集运营数据。在"示例"部分将详细描述 Windows Azure 平台的相关服务。

2.4 示例：在 Windows Azure 上构建 PoP 应用程序

在本书前言中介绍的"照片页面"（PoP）应用程序将贯穿全书作为示例。该应用程序从设计上完全支持水平伸缩。本节将讨论该应用程序的 Web 层，而数据存储及其他方面内容将在后续章节中进行讨论。

 计算节点（compute node）和虚拟机（virtual machine）是通用的行业术语。而在 Windows Azure 中，与节点对应的特定术语是角色实例（role instance），如果需要更精确的描述，也可以使用 Web 角色实例（web role instance）或辅助角色实例（worker role instance）。由于 Windows Azure 的角色实例运行在虚拟机上，因此再将角色实例称为虚拟机会略显重复。在本节后续内容中将采用 Windows Azure 的术语来进行描述。

2.4.1 Web 层

PoP 的 Web 层使用 ASP.NET MVC 实现。使用 Web 角色是支持这种实现的最佳方式。Web 角色是 Windows Azure 提供的一项服务，用于运行 Windows Server 和 Internet 信息服务 (IIS) 的自动化托管虚拟机。开发者只需提供应用程序和一些配置设置，Windows Azure 会根据需求自动创建所有所需的角色实例，并将应用程序部署到这些实例中。此外，Windows Azure 还会管理正在运行的角色实例；监控硬件和软件的健康状态并在需要时执行恢复操作；根据需要为角色实例的操作系统打更新补丁；提供其他相关服务。

应用程序和配置设置实际上构成了一个模板，可应用于任意数量的 Web 角色实例。无论是部署 2 个角色实例还是 20 个角色实例，开发者的工作量都是相同的，因为所有工作都由 Windows Azure 处理。

使用 Web 角色可以显著减少基础设施管理的负担。例如，配置路由器和负载均衡器、安装和修补操作系统、升级到新版本的操作系统、监控硬件故障（并执行恢复操作）等。

灵活的云服务

虽然 Windows Azure 云服务旨在让开发者摆脱管理基础设施的负担，专注于构建应用程序。但它仍然提供了一定的灵活性，以便满足高级配置的需求。例如，借助启动任务（Startup Tasks）可以安装额外的 Windows 服务、配置 IIS 或 Windows 系统，以及运行自定义安装脚本。基本上，只要管理员能在 Windows 上完成的操作，同样可以在 Windows Azure 上实现。应用程序越是云原生化，就越可能在无需复杂自定义配置的情况下"直接工作"。例如，一种高级配置选项是启用 IIS 中的应用程序请求路由（Application Request Routing，ARR）以支持黏性会话。

2.4.2 无状态角色实例或节点

截至本书撰写时，Windows Azure 的负载均衡器所支持的轮询算法会将 Web 请求分发到 Web 角色实例，但不支持黏滞会话。这非常适合用来演示与云原生相关的模式，因为我们希望能够水平伸缩的 Web 层是由无状态的、自主的节点组成，以实现最大的灵活性。由于应用程序所有 Web 角色实例都是可以互换的，因此负载均衡器本身也可以是无状态的。这也正是 Windows Azure 的实现方式。

如前所述，浏览器的 Cookie 可用来存储与会话数据相关联的会话标识符。在 Windows Azure 中有多种存储选项可用于保存会话数据，包括：SQL Azure（关系型数据库）、Windows Azure 表存储（宽列式 NoSQL 数据存储）、Windows Azure Blob 存储（文件 / 对象存储），以及 Windows Azure 分布式缓存服务。由于 PoP 是一个 ASP.NET 应用程序，所以我们选择 Windows Azure 缓存的会话状态提供程序（Session State Provider for Windows Azure Caching）。这使得我们既可以继续使用熟悉的 Session 对象抽象类进行编程，也可以保持云原生的架构特点，即无状态和自主节点。通过采用 Windows Azure 提供的可扩展且可靠的缓存服务，PoP 应用程序可以更高效地管理会话数据，同时保持灵活性和可扩展性。

2.4.3 Service 层

PoP 应用程序架构中包含一个独立的 Service 层。Web 层专注于页面渲染和用户交互，而 Service 层负责在后台处理用户输入。

是否需要单独的 Service 层？

对于 PoP 当前的规模来说，在架构中设置 Service 层是合理的。不要忽视那些我们在非云环境中长期使用且已被验证成功的实践，例如面向服务架构（SOA）。虽然本书主要关注对云原生应用具有独特影响的架构模式，但仍有许多其他非常有价值的实践未被讨论。例如 SOA 在为云开发应用程序时可能发挥很大作用。

辅助角色负责托管 PoP 的 Service 层，它与 Web 角色类似但侧重点不同。辅助角色实例默认不启动 IIS 服务，也不会添加到负载均衡器中。辅助角色非常适合应用程序中那些没有对外接口的层。Service 层可以通过水平伸缩轻松扩展，确保应用程序能够高效处理用户请求。有关 Service 层的详细工作原理，请参阅第 3 章 "基于队列的工作流模式"。

松耦合使得实现更加灵活性

Web 层和 Service 层可以使用不同的技术实现。例如，Web 层可以采用 PHP、ASP.NET MVC 或其他前端解决方案，而 Service 层可以使用 Java、Python、Node.js、F#、C#、C++ 等。这种松耦合的架构为团队提供了更大的灵活性，特别是在负责不同应用层的团队拥有不同技术背景时。

2.4.4 运维日志和指标

当水平伸缩至多个角色实例时，管理运维数据就会成为一项挑战。运维数据是在应用程序运行过程中生成的，但通常不被视为应用程序业务数据的组成部分。

运维数据来源于：

- IIS 或其他 Web 服务器的日志。

- Windows 事件日志。

- 性能计数器。

- 应用程序输出的调试消息。

- 应用程序生成的自定义日志。

从众多实例中收集日志数据是一项艰巨的任务。Windows Azure 诊断监视器（WAD）是平台提供的一项服务。它可以从所有角色实例中收集数据，并将其集中存储到 Windows Azure 存储账户中。数据收集完成后，便可进行分析和报告。

Windows Azure 存储分析提供有关 Windows Azure Blob 存储、表存储和队列存储的指标和访问日志。

分析数据可能是：

- 某个 Blob 或 Blob 容器的访问次数。

- 访问频率最高的 Blob 容器。

- 来自特定 IP 地址范围的匿名请求数量。

- 请求的持续时间。

- 每小时针对 Blob、表或队列服务的请求数量。

- Blob 占所用的空间大小。

分析数据不是通过 WAD 收集的，因此不会自动整合。但这些数据可以用来做进一步的分析。例如，可以将 Blob 存储访问日志与 IIS 日志结合，以创建更全面的用户活动视图。

Windows Azure 诊断监视器和 Windows Azure 存储分析都支持应用
程序定义的数据保留策略。这使得应用程序能够轻松限制运维数据
的大小和保留时长。云平台会自动处理清理过期数据的任务。

Windows Azure 平台为分析日志和指标数据提供了多种工具。例如，第 6 章
"MapReduce 模式"中详细介绍的 Hadoop on Azure，以及 Windows Azure
SQL 报告服务。

相关章节

- 基于队列的工作流模式（第 3 章）。

- 自动伸缩模式（第 4 章）。

- MapReduce 模式（第 6 章）。

- 数据库分片模式（第 7 章）。

- 多租户与商品化硬件入门（第 8 章）。

- 节点故障模式（第 10 章）。

2.5 总结

水平伸缩计算模式从架构上使应用程序与最符合云原生的资源分配方式相对
齐。它为应用程序带来了诸多潜在优势，包括高伸缩性、高可用性和成本优化，
同时还能保持稳健的用户体验。用户状态管理应避免在 Web 层使用黏滞会话。
通过保持节点无状态化，使节点可以随时添加而不会导致工作负载不平衡，
并且在节点丢失时也不会导致客户状态的丢失。这种无状态的设计使节点可
以互换，从而在动态的云环境中提供更高的灵活性和可靠性。

第 3 章

基于队列的工作流模式

该模式旨在实现松耦合，通过异步方式将用户界面发送的命令请求传递给后端服务进行处理。该模式是命令查询责任分离（CQRS）模式的一个子集。

该模式使得用户在通过 Web 层执行更新操作时不会降低 Web 服务器的运行速度。尤其适用于处理那些耗时、资源密集型或依赖不可靠的远程服务的更新。例如，社交媒体网站在处理状态更新、照片上传、视频上传或发送电子邮件时，就可以采用该模式。

该模式适用于响应交互式用户的更新请求。首先，用户界面代码（位于 Web 层）会创建一个描述所需工作的消息，并将其添加到队列中。之后的某个时间点，位于 Service 层的另一个节点上的服务将从队列中取出消息并执行相应的工作。消息只能单向流动，即从 Web 层流向队列，再流向 Service 层。该模式没有明确规定是否要向用户通知处理进度，也没有规定如何通知。

该模式采用异步方式，发送方无需等待响应。实际上，这种情况下没有直接的响应可用（在编程术语中，返回值为 void）。异步方式有助于保持用户界面的快速响应。

Web 层不会使用该模式来处理只读页面的浏览请求。该模式专用于处理更新操作。

3.1 背景知识

基于队列的工作流模式可以有效地应对以下挑战：

- 应用程序各层之间实现了解耦，但各层仍需协同工作。

- 应用程序需要保证至少能处理一次跨层消息。

- 即使依赖的处理发生在其他层，用户界面层仍需保持响应速度。

- 即使在处理过程中需要访问第三方服务，用户界面层仍需保持响应速度。

该模式对于 Web 应用程序，以及通过 Web 服务来访问相同功能的移动应用程序同样有效。只要应用程序需要为交互式用户提供服务，就可以考虑采用此模式。

云平台中的模式支持

通过使用云服务，该模式的基础设施部分通常很容易实现。而在非云环境下实现起来就会复杂得多。例如，可靠的消息队列在云平台上通常以服务的形式提供，无需自行部署和维护。

中间数据的存储也因云服务的存在而得到简化。云平台提供了多种存储服务，包括：云存储服务（如 Blob 存储）、NoSQL 数据库、关系型数据库。

3.2 影响

可用性、可靠性、扩展性、用户体验。

3.3 机制

基于队列的工作流模式用于解耦 Web 层（实现用户界面）与 Service 层（进行业务处理）之间的通信。

在不使用该模式的情况下，应用程序通常通过用户界面代码直接调用 Service 层来响应网页请求。这种做法虽然简单，但在分布式系统中存在一些问题。例如，所有服务调用必须在网页请求完成之前结束，这会导致用户界面层的性能受限于 Service 层的响应速度。这种模型还要求 Service 层的扩展性和可用性必须达到或超过 Web 层的水平，尤其是在依赖第三方服务时，这可能难以保障。如果 Service 层不可靠或响应缓慢，会破坏用户体验，并降低系统的扩展性。

解决办法是采用异步通信的方式。Web 层会向 Service 层发送命令（command），而命令的内容就是执行某项操作的请求。例如：创建新的用户账户、添加照片、更新状态（如 Twitter 或 Facebook）、预订酒店房间以及取消订单。

术语"异步"一词在应用程序实现中指的是 Web 层的用户界面代码可能会异步调用服务。这种方式允许并行处理任务，从而加快用户请求的处理速度。当所有异步服务调用完成后，用户请求即可得到响应。不要将本模式与这种编程技巧相混淆。

这些命令以消息的形式通过队列传递。队列是一种简单的数据结构，具有两个基本操作：添加（add）和移除（remove）。队列的行为遵循 FIFO（先入先出），即最早进入队列的消息最先被移除。执行添加操作通常被称为入队（enqueue），而执行移除操作则被称为出队（dequeue）。

最简单的实现场景中，模式的工作流程如下：发送方将命令消息添加到队列中（消息入队），接收方从队列中移除消息（消息出队）并进行处理。从图 3-1 我们可以看出，从队列中移除消息的编程模型比简单的出队操作要复杂得多。

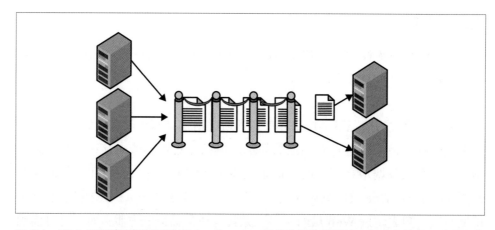

图3-1：Web层将消息添加到队列中，Service层从队列中移除消息并进行处理，队列中的命令消息数量会随时间而发生变化。它作为一个缓冲区，使得Web层可以尽快将工作卸载到队列中。Service层按需从队列中取出消息进行处理，仅在有可用资源时才处理新消息，从而避免超负荷运行

这种模式中发送方和接收方是松耦合（loosely coupled）的，双方只通过队列中的消息进行通信。发送方和接收方的工作节奏和时间表可以不同步。接收方在发送方添加消息时甚至不需要运行。双方互不了解彼此的实现细节，但必须约定使用的队列实例和消息结构。

发送方不仅限于Web用户界面，还可以是通过Web服务（如REST API）进行通信的原生移动应用程序。对于有多个发送方和接收方的场景，该模式也同样有效。

在本模式的后续描述中，将讨论如何应对故障场景并处理用户体验问题，确保系统的可靠性和用户满意度。

3.3.1 队列的可靠性

在工作流中，发送方将消息添加到队列中，接收方随后从队列中取出消息进行处理。那么，消息就一定能成功到达吗？

这里需要强调的是，云队列服务提供了可靠的队列（reliable queue）。这种"可靠性"主要源自两个方面：数据持久化和高吞吐量（每秒至少支持数百次交互）。

 队列的数据持久化方式与其他云存储服务的原理相同：将每个存储字节以三种副本的形式分布在三个磁盘节点上，从而抵御硬件故障的风险。

队列本身是可靠的且不会丢失数据，但该模式并未设计成可以完全保护应用程序免受所有故障的影响。相反，该模式要求应用程序针对故障场景实施特定的应对行为，以确保在出现故障时仍能成功处理消息。

3.3.2 接收方的编程模型

实现接收方时，使用可靠队列服务的编程模型可能会让开发人员感到意外，因为它比使用基本队列要稍微复杂一些：

1. 从队列中获取下一条可用消息。

2. 处理消息。

3. 从队列中删除消息。

这种实现方式是先将消息出队（dequeue），处理完后将消息删除（delete）。为什么采用两段式的删除方式呢？这是为了要确保消息能够被至少处理一次（at-least-once processing）。

不可见窗口与至少处理一次

处理命令请求的过程包括从队列中获取消息、解析消息内容，并根据消息的要求执行相应的命令。具体的处理细节因应用程序而异。如果一切顺利，删除队列中的消息是最后一步操作。只有在消息被成功删除后，命令处理才算完全完成。

然而，事情并不总是按计划进行。例如，可能会出现应用程序代码无法控制的故障。这类故障可能由多种原因引起，但最容易理解的是硬件故障。如果你正在使用的硬件出现故障，处理过程将被中断，无论它处于生命周期的哪个阶段。故障还可能发生在云平台根据自动伸缩逻辑关闭某个正在运行的节点时，或者在节点被重启时。有关更多中断恢复的场景，请参见第 10 章"节点故障模式"。

 有关更多利用此模式从中断状态进行恢复的场景，请参考第 10 章"节点故障模式"。

无论故障的原因是什么，处理过程一旦被中断，就需要进行恢复。那么，该如何实现恢复呢？

当消息从队列中出队时，它不会立即从队列中永久移除，而是会暂时隐藏起来。这条消息会在指定的时间段内被隐藏（该时间段在出队操作时指定，之后可以延长）。我们将这段时间称为不可见窗口（invisibility window）。在不可见窗口期间，该消息不会再次被出队。

不可见窗口的细节问题

在消息的不可见窗口期间，通常只有一个副本正在被处理。然而，有一些边缘情况可能会导致多个副本同时被处理。其中一种情况是，消息处理尚未完成，但不可见窗口已到期，导致相同的消息被再次出队。此时，系统中可能会有两个正在被处理的相同消息副本。这种情况的发生可能是由于代码存在问题所导致。正确的做法是，在不可见窗口到期之前，通知队列当前消息仍在处理中，并延长其不可见窗口的时间，以确保有足够的时间对该消息进行独占访问（有关"毒消息"的讨论，请参见下文）。然而，正如在第 5 章"最终一致性入门"中对 CAP 定理的讨论中所描述的那样，在分布式系统中由于网络划分等因素，这种操作并不总是可行。虽然情况较为罕见，但仍需加以考虑。

另一个边缘情况与最终一致性的可靠队列有关（有关更多背景信息，请参见第 5 章）。简而言之，在极少数情况下，如果两个获取下一个队列项的请求几乎同时发生，队列系统可能会向这两个请求返回相同的消息。例如，Amazon 的可扩展存储服务（S3）是一个最终一致性的系统，其文档中就明确提到这种可能性。不过 Windows Azure 存储队列和 Windows Azure 服务总线队列均为即时一致性（immediate consistency）系统，因此这种边界场景不适用于这两种队列。

不可见窗口的作用仅在处理时间超过预期时才会显现。消息在不可见窗口到期后自动重新出现在队列中，这是解决故障的关键机制之一，也是至少处理一次模型的重要组成部分。如果某条消息在第一次出队时未能完全处理，它将获得再次处理的机会。代码会持续重试，直到消息处理完成（或者放弃处理，这将在后续的"毒消息处理"部分中详细说明）。

任何第二次出队的消息，都可能在第一次出队时已被部分处理。如果对此没有进行妥善防范，可能会导致问题。

重复消息的幂等处理

幂等（idempotent）操作是指可以重复执行的操作，无论成功执行多少次，结果都与执行一次成功操作的效果相同。例如，根据 HTTP 规范，HTTP 的 PUT、GET 和 DELETE 方法都是幂等操作：我们可以对某个资源执行一次 DELETE 操作，也可以执行 100 次 DELETE 操作（假设每次都成功），最终结果是一样的，该资源被删除。

有些操作被认为是天然幂等（naturally idempotent）的，比如 HTTP 的 DELETE 操作，其幂等性是与生俱来的。然而，一些复杂的操作，比如从一个账户中取款并将资金存入另一个账户的多步骤金融交易，并不是天然幂等的，需要特别的设计才能实现幂等性。有些场景实现幂等性要比其他场景更困难。

幂等性等同于业务等效性

无论一个幂等过程部分或全部执行了多少次，只要最后执行成功，其结果都是等效的。需要注意的是，这里的等效结果指的是业务等效性（business equivalence），而不是技术等效性（technical equivalence）。例如，即使应用程序日志中保留了多次尝试的痕迹，只要业务用户无法察觉到这些尝试对结果的影响，其结果就被视为是等效的。

云队列服务会跟踪每个消息被出队的次数。每当消息被出队时，队列服务会将该值与消息一起提供给应用程序代码。这被称为出队计数（dequeue count）。消息第一次被出队时，该值为1。通过检查这个值，应用程序代码可以判断当前是第一次处理还是重复处理。

对于第一次处理的消息，应用程序逻辑可以简单一些。然而，对于重复处理的消息，则可能需要额外的逻辑来支持幂等性。

耗时任务

某些云队列服务能够对队列中的消息进行更新。在处理多步骤任务时，每完成一个步骤，便更新消息以记录所完成的步骤是很有用的。举个简单的例子，设计消息对象时增加一个LastCompletedStep字段，方便应用程序跟踪进度。如果处理被中断，下次从队列中取出消息时，将返回更新过的LastCompletedStep字段，消息处理便可以从LastCompletedStep所指的步骤继续执行，而无需从头开始处理。

例如这样一个命令：基于用户提供的电子邮件地址创建新用户账户。如果消息的出队计数为2，那么正确的处理方式需要考虑到某些（或全部）处理步骤可能已经执行过。因此，应用程序需要智能化地处理这些情况。具体如何"智能化"处理将根据每个应用程序的具体需求而有所不同。

对于一些简单的场景，可能不需要专门的幂等性支持。例如，在发送确认邮件时，由于故障事件很少发生，并且偶尔发送重复邮件的影响较小，那么每次都重新发送邮件可能就足够了。

幂等处理的实现方法

幂等处理虽易于提出，但未必易于实现。对于更复杂的幂等场景，例如多步骤的金融交易或跨多个数据存储的操作，通常需要更高级的幂等实现方法。

在云环境中，数据库事务（database transaction）有时非常有用，因为它可以确保所有操作要么全部成功，要么全部回滚。然而在云应用程序中，数据库事务往往并不实用。这是因为支持的事务范围过于狭窄。例如，事务无法跨越 NoSQL 数据库或分片关系数据库中的分区。抑或是因为数据被写入了多个不支持分布式事务的数据存储。例如，无法将关系数据库和 Blob 存储之间的更改纳入同一个事务。

补偿事务（compensating transaction）是处理幂等性的一个重要工具。它可以通过撤销先前尝试时造成的实际影响来恢复系统的初始状态。此外，事件溯源（Event Sourcing）也是一种有力方法。本章在 CQRS 相关内容中曾简要提及，这种方法有时可以为处理复杂场景提供一个稳健的模型。

在处理重复消息时，支持幂等性是正确的第一步。但如果某条消息重复次数过多，超过了应用程序定义的阈值，就应将该消息视为毒消息来处理。

处理反复出现的毒消息

由于其内容原因而无法被成功处理的消息被称为毒消息（Poison Messages）。

以一条基于用户电子邮件地址来创建新用户账户的命令为例。如果即使发现该电子邮件地址已经被占用，应用程序仍能在不创建新用户账户的同时成功处理该消息，那么该消息就不是一条毒消息。

但如果电子邮件地址字段包含一个长达 10000 个字符的字符串，而这种情况在应用程序代码中未被考虑，这就有可能会导致系统崩溃。这种情况下该消息就是毒消息。

如果应用程序在处理消息时崩溃，那么随着不可见窗口的到期，该消息会重新出现在队列中并再次尝试处理。为什么要在这个场景中进行幂等处理，我们在前文中已经给出解释。遇到毒消息时，幂等处理会陷入永无止境的循环之中，无法终止。

处理毒消息时需要做出两个决策：如何检测毒消息，以及如何处理它。

在消息出队时，云队列服务提供的出队计数可用来确定该消息是第几次被处理。这与检测重复消息以进行幂等处理时使用的计数数值相同。毒消息的检测逻辑中必须包含一个规则：当某条消息在队列中反复出现超过 N 次时，应将其视为毒消息。选择适当的 N 是一个业务决策，需要在处理有毒消息所浪费的资源和遗漏有效消息所造成的风险之间寻求平衡。实际应用中，执行中断的情况往往较少发生，因此在制定毒消息策略时需要考虑这一点。如果消息处理非常耗费资源（例如需要 60 分钟），可以选择在第 $N > 1$ 次时即将其视为毒消息，从而避免多次重试。对于大多数场景，通常会重试 1 次或多次，需要根据具体情况来决定。

想要正确检测毒消息需要注意一些细节。例如，如果选择 $N = 3$ 作为触发毒消息处理的阈值，则应用程序代码需要检查出队计数是否大于 3，而不是恰好为 3。因为在检测到出队计数为 3 后到从主队列中移除消息前，可能会发生系统中断。

当毒消息被识别后，如何处理这些消息是另一个需要权衡的业务决策。如果希望人工审查毒消息以改进消息处理流程，那么一种方法是使用死信队列（dead letter queue）。死信队列用于存储无法正常处理的消息。许多消息队列系统内置了对死信队列的支持，如果想自行创建也并非难事。对于不重要的消息，甚至可以考虑直接删除。关键在于，一旦应用程序检测到毒信息，就应尽快将其从主处理队列中移除。

 如果未能防范毒消息，毒消息可能会长期驻留在队列中，并浪费大量处理资源。在极端情况下，当队列中存在大量毒消息时，所有处理资源都会被用于处理这些毒消息，从而导致系统无法正常处理其他消息！

出队计数大于 1 并不一定意味着出现了毒消息。该值表示的是出队次数，而非毒消息计数。

3.3.3 对用户体验的影响

该模式涉及异步处理、重复处理以及失败请求，这些都会对用户体验产生影响。

在用户界面中进行异步处理可能较为复杂，而且需要根据具体应用进行调整。为了使面向用户的界面更具响应性，我们不会让用户等待耗时的操作完成，而是将该操作的命令请求放入队列中。这种方式可以尽快恢复用户界面的互操作性（提升用户体验），同时让 Web 服务器层专注于提供网页服务（增强扩展性）。

但是也需要让用户明白，尽管系统已确认了他们的操作（并将命令发布到队列中），但该操作的处理尚未立即完成。有几种方法可以应对这一情况。

在某些情况下，用户无法明显感知操作是否已完成，因此无需特别采取额外的措施。

如果用户希望收到操作完成的通知，则可以通过在操作完成后发送电子邮件的方式来满足需求。这在电子商务场景中很常见，例如发送"您的订单已发货"等进度通知。

有时用户更倾向于等待任务完成。此时，需要用户界面层轮询 Service 层，直到任务完成，或者由 Service 层主动通知用户界面层。可以使用长轮询（long polling）来实现主动通知。在长轮询中，Web 客户端会建立一个到服务器的 HTTP 连接，但服务器会故意延迟响应，直到有结果返回。

 长轮询技术（也称为 *Comet*）有现成的实现可供使用，例如 ASP. NET 的 SignalR 和 Node.js 的 Socket.IO。这些库利用了 HTML5 Web Sockets。

采用长轮询技术与在 Web 层直接执行耗时操作的"内联"方式不同。阻塞 Web 层等待操作完成会降低扩展性，而长轮询方式将耗时工作仍然放在 Service 层完成，从而保持了系统的扩展性和高效性。

是否与 CQRS 相同？

熟悉命令查询职责分离（CQRS）模式的读者可能会有这样的疑惑，那就是基于队列的工作流（QCW）模式是否与 CQRS 是同一种模式。尽管两者存在相似之处，但它们并不相同。QCW 只是通往 CQRS 的一个阶段性步骤。理解两者的差异与重叠之处有助于避免混淆。

CQRS 的显著特征是使用两种截然不同的模型：一种用于写操作（写模型），另一种用于读操作（读模型）。对应的两个关键术语是"命令（Command）"和"查询（Query）"。"命令"是通过写模型发起的更新请求，而"查询"是通过读模型来获取信息的请求。执行"命令"和"查询"是两个独立的活动（即"职责分离"）。我们绝不会发送一个"命令"并期望它返回数据结果。即使读模型和写模型可能基于相同的底层数据，但它们呈现的却是不同的数据模型。

QCW 模式关注的是"命令"的流转，即从用户界面到写模型的流动，同时只是间接提到了读模型，例如用户界面中的长轮询支持。从这一点来看，QCW 与 CQRS 是一致的，但并不完整，因为 QCW 并未全面阐述读模型的实现。在 QCW 中的"命令"与 CQRS 中的"命令"含义一致。

完整的 CQRS 实现通常还会涉及事件溯源（event sourcing）和领域驱动设计（DDD）。在事件溯源中，当命令导致系统状态发生变化时，相关的变更事件会被单独捕获和存储，而不仅仅是简单地更新主数据。例如，一个"地址变更事件"会记录新的地址信息，而不是简单地覆盖数据库中的地址字段。这种方式生成的时间序列历史纪录可用于重放以到达当前状态（或某个中间状态）。事件溯源还可以简化幂等操作的处理。DDD 是一种与技术无关的方法论，用于更好的理解业务上下文。虽然事件溯源和 DDD 并不是 CQRS 的必要组成部分，但它们常常与 CQRS 一起使用，以增强模式的效果。

3.3.4 各层独立伸缩

队列长度和消息在队列中停留的时间是自动伸缩的关键环境信号，而云队列服务能便捷地提供这些核心指标。例如，队列长度增加可能表明需要提升 Service 层的容量。需要注意的是，这些信号可能仅表明某一个层级或某个特定的处理服务需要进行伸缩。通过独立伸缩各层，可以有效优化成本和效率。

在规模非常大的情况下，队列本身可能成为瓶颈，此时需要多个队列实例来分担负载。但这并不会改变核心模式的设计。

3.4 示例：在 Windows Azure 上构建 PoP 应用程序

照片页面 (PoP) 应用程序（在前言中已介绍，并将在本书中作为示例贯穿始终）使用第 3 章的模式来处理系统中新照片的导入。

该应用程序中的两个层级协同工作。其中，Web 层的用户界面负责为已登录用户提供照片上传功能，并将命令消息加入队列。而 Service 层负责从队列中取出命令消息并对其进行处理。

3.4.1 用户界面层

PoP 的用户界面运行在 Web 层，由 ASP.NET MVC 代码构成，并在数量可变的 Web 角色实例上运行。用户身份验证（登录）在此层完成，经过身份验证的用户可以上传照片。

照片的存储位置、照片的文字描述，以及 PoP 用户的账号标识符会被存储到一个消息对象中，然后将该消息对象加入队列。在 PoP 中，假设正在处理的照片已上传到 Blob 存储（尽可能使用第 13 章中介绍的代客密钥模式），并以 Blob 的形式存储在 Windows Azure 存储中。在消息对象中仅存储对该 Blob 的引用（即一个 URL）。虽然此流程处理的是外部资源（以 Blob 形式存储的照片），但这并不意味着使用此模式必须依赖外部资源。通常情况下，所有必要的数据都可以完全包含在消息对象中。

无论运行了多少个 Web 角色实例，它们最终都会将消息提交到同一个 Windows Azure 队列中。

除了 PoP 所使用的 Windows Azure 存储队列服务外，Windows Azure 还提供了服务总线队列服务。这两个服务具有许多相似的特性，都非常适合 PoP。

消息队列由发送方和接收方共同使用：

- 消息队列示例名称：*http://popuploads.queue.core.windows.net*。

加入队列的消息中包含的字段示例如下：

- 已上传照片的位置（在 Blob 存储中）：*http://popuploads.blob.core.windows.net/publicphotos/william.jpg*。
- 从 emailaddress 声明中获取的经过身份验证的账号标识符（参见第 15 章"多站点部署模式"）：*kd1hn@example.com*。
- LastCompletedStep: 0。

需要注意的是，图像本身并不是消息的一部分，而是通过引用的形式存储。之所以这样设计是因为队列对消息的大小做了限制（截止至本书撰写时为64KB）。更深层次的原因是，Blob 存储才是 Windows Azure 上存储上传图像的"正确"位置。

3.4.2 Service 层

PoP 服务运行在 Service 层中的辅助角色实例上，而实例的数量是可变的。这些服务中的 C# 代码会持续检查队列中是否有新消息。一旦有可用的新消息，服务会将其从队列中移除并进行处理。

当队列中没有可用消息时，所有出队操作都会立即返回。务必要避免代码以循环的方式频繁访问队列服务，因为每个队列操作都会产生微小的费用。请确保添加适当的延迟以减少不必要的队列操作。

注意避免"金钱外流"！

截止至本书撰写时，每 1000 万次 Windows Azure 存储操作的费用为 1 美元。鉴于即使队列中没有消息等待处理，出队请求也会产生费用，这样的开销有多大？如果以每秒 500 次的频率在一个空队列中执行出队操作，每 200 秒就会花费 1 美分，而每天的累计费用将达到 4.32 美元。显然，你绝不会希望这样做。

为了避免金钱外流（即无任何业务价值却产生的云平台费用），务必在每次出队失败后设置几秒的延迟。这种情况类似于未检查的内存泄漏可能导致应用崩溃一样，金钱外流会削弱云应用的成本效率。还可以考虑采用第 9 章"忙音模式"中介绍的变量延迟技术。这种方法不仅可以更有效地避免金钱外流，还解释了过度频繁的操作可能导致队列服务对请求进行限流。

每条信息都代表一张新上传的照片，这些照片等待与 PoP 网站的其他内容进行整合。该流程涉及几个步骤：生成缩略图、提取任何地理标记数据、然后

更新用户账号数据，将新照片显示在用户的公共页面上。每完成一个步骤，消息就会被更新回 Blob 存储，其中 `LastCompletedStep` 字段的值也会被更新。

PoP 的缩略图生成过程是幂等的。这一点非常重要，因为如果处理不当，可能会导致 Blob 存储中遗留孤立的图像文件。为了实现幂等的缩略图创建，PoP 从原始照片的文件名来衍生出缩略图的文件名，从而使缩略图的文件名具有确定性。所有上传的照片都会被分配一个由系统生成的唯一名称，如 *william.jpg*。缩略图的名称则通过在根文件名后添加"_thumb"生成，最终得到 *william_thumb.jpg*。这种简单的方法确保了在 Blob 存储中始终只会有一个对应的缩略图文件。需要注意的是，虽然结果与首次成功生成缩略图时的情况不完全相同（例如文件的时间戳会不同）但我们完全可以放心，因为其结果是等效的。

PoP 的业务逻辑规定，任何来自 *popuploads* 队列的信息如果出队计数大于或等于 3，则会被视为毒信息。当检测到毒消息时，PoP 会向提交照片的用户发送一封电子邮件，告知该照片无效，并已被删除。

如果应用程序没能主动处理毒消息，Windows Azure 队列服务会在七天后自动将其从队列中删除。

3.4.3 PoP 系统变更概要

为了处理新上传的照片：

- 照片存储在为此目的而创建的公共 Blob 容器中。

- 包含新创建照片相关数据的消息被加入队列。此操作由 Web 层（Web 角色）完成。

- Service 层中的辅助角色会监控队列中可供处理的消息，并在消息可用时对其进行处理。

在消息处理完成后，PoP 的静态数据状态包括：

- 原始照片作为 Blob 存储。

- 生成的缩略图作为 Blob 存储。

- 关于照片的元数据存储在 Windows Azure SQL 数据库中（将在第 7 章 "数据库分片模式" 中进一步讨论）。

相关章节

- 扩展性入门（第 1 章）。

- 水平伸缩计算模式（第 2 章）。

- 自动伸缩模式（第 4 章）。

- 最终一致性入门（第 5 章）。

- 节点故障模式（第 10 章）。

- 共址模式（第 12 章）。

- 代客钥匙模式（第 13 章）。

3.5 总结

此模式用于解耦应用程序的各个层级，尤其是 Web 层（用户界面层）与负责业务处理的 Service 层之间的解耦。它对常规的只读页面请求无太大帮助。该模式的通信单向进行，由 Web 层向 Service 层发送消息，并通过将消息添加到队列中来处理。可靠的云队列服务简化了该模式的实现。通过解耦的 Web 层，应用程序可以变得更加响应迅速且稳定，从而提供更好的用户体验。此外，与关注点无关的伸缩允许每个层级根据其实际需求来灵活配置资源，实现更高的资源利用率和更优的成本控制。

第 4 章

自动伸缩模式

此关键模式通过自动化运维使水平伸缩变得更加实用的同时提高了成本效益。

通过云供应商的 Web 托管管理工具手动调整伸缩设置，确实可以降低每月的云费用，但自动化伸缩在成本优化上表现得更好，同时还能减少在日常伸缩任务上耗费的人工精力。此外，自动化伸缩还能动态地响应实际需求，根据云服务给出的信号来调整资源配置。

自动伸缩的两个核心目标是：优化云应用的资源使用，从而节省成本；减少人为干预，从而节省时间并降低错误率。

4.1 背景知识

自动伸缩模式可以有效应对以下挑战：

- 经济高效地对计算资源进行伸缩，如 Web 层或 Service 层。

- 需要持续监控有波动的资源，以最大限度地节约成本并避免延迟。

- 需要频繁伸缩云资源，如计算节点、数据存储、队列或其他弹性组件。

该模式默认使用水平伸缩架构，并运行在支持可逆伸缩的环境中。尽管垂直伸缩（通过调整虚拟机的规格）也是可行的，但本模式并未涵盖垂直伸缩的实现。

云平台中的模式支持

云平台提供了全面的资源管理支持，并向客户开放丰富的自动化功能。这些功能支持可逆伸缩，尤其在与能够平稳适应动态资源管理和伸缩的云原生应用结合时，效果尤为显著。该模式体现了云环境中开发与运维活动之间重叠部分日益加深的趋势，这种重叠被称为 DevOps，即"开发"（Development）与"运维"（Operations）的组合词。

4.2 影响

成本优化、扩展性。

 此模式本身不会直接影响应用的伸缩性。无论是否自动化，应用的伸缩能力都是固定的。其影响主要体现在大规模场景下的运维效率上。提升运维效率有助于降低向云提供商支付的直接成本，同时减少工作人员在日常手动运维任务上耗费的时间。

4.3 机制

计算节点是最常见的伸缩资源，用来确保有足够数量的 Web 服务器节点或服务节点。自动伸缩可以按需动态调整资源数量，并且同样适用于其他可以从自动伸缩中受益的资源（如数据存储和队列）。本模式重点关注计算节点的自动伸缩，而其他场景虽然遵循相同的基本理念，但通常会更复杂。

要实现最低限度人工干预的自动伸缩，需要对已知事件（如超级碗中场休息时间或工作时间与非工作时间）进行提前规划，并创建能够对环境信号（如突发流量激增或骤降）做出动态反应的规则。例如一个调优良好的自动伸缩策略如图 4-1 所示，其中资源会根据需求的变化而调整。能够预测的需求可以通过预先设定的时间表来驱动，而不可预测的情况则通过环境信号来响应。

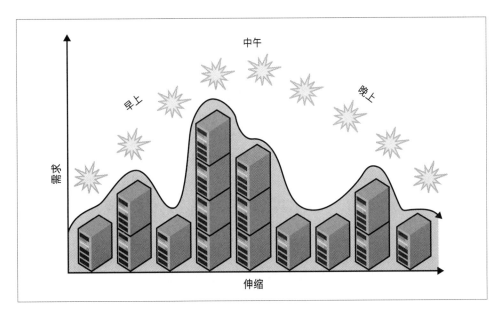

图 4-1：能够自主执行的自动伸缩规则需要预先规划。例如根据时间表在一天中动态增加或释放资源

4.3.1 基于规则和信号的自动化

云平台为支持自动化操作提供了编程接口来动态配置和释放各种资源。虽然可以直接通过云平台管理服务编写自动伸缩方案，但使用现成的解决方案更为常见。目前在 Amazon Web Services 和 Windows Azure 上有多种现成的方案可供选择，包括云供应商提供的工具和第三方工具。

 需要注意的是，自动伸缩本身也有成本。使用软件即服务（SaaS）解决方案会有直接费用，而探测运行环境以获取信号、调用编程接口进行资源配置（无论是自研还是使用 SaaS 解决方案），以及自托管的自动伸缩工具也可能产生成本。不过，这些费用通常相对较低。

现成的自动伸缩解决方案在复杂性和功能全面性方面有所不同。选择工具时，请务必查阅文档，确保它能满足业务规则。例如，某个在正常工作时间内使用频繁、而在非工作时间使用较少的业务应用程序可以设定以下规则：

- 晚上 7 点（当地时间），将 Web 服务器节点数减少到 2 个。

- 早上 7 点，将 Web 服务器节点数增加到 10 个。

- 周五晚上 7 点，将 Web 服务器节点数减少到 1 个。

虽然这些独立的规则看起来很简单，但能有效降低成本。要注意的是，最后一条规则与第一条规则存在重叠。自动伸缩工具应能设置规则的优先级，确保周五晚间的规则优先执行。此外，规则还可以按计划调度，例如将前两条规则限制在非周末执行。只要工具足够灵活，就可以根据想象力设定各种自动伸缩策略。

以下是针对某些较难预测的环境信号所制定的动态规则：

- 如果最近一个小时的平均队列长度大于 25，则增加 1 个处理计费的节点。

- 如果最近一个小时的平均队列长度小于 5，则减少 1 个处理计费的节点。

这些规则会对当前的环境条件做出反应。具体示例请参阅第 3 章"基于队列的工作流模式"中所介绍的基于队列长度的规则。

还可以编写规则来对计算节点的性能做出响应，如内存使用情况、CPU 利用率等。通常会自定义一些与应用程序业务逻辑有关的规则，例如：

- 如果最近一个小时内确认客户订单的平均时间超过 10 分钟，则增加 1 个订单处理节点。

某些信号（例如计算节点的响应时间）可能在节点出现故障时触发，因为节点故障会导致响应时间降为零。请注意，此时云平台也会介入其中以替换故障节点或无法响应的节点。

自动伸缩方案还可以基于总体成本来制定规则，以便控制预算。

4.3.2　关注点分离

以上两组规则示例分别适用于 Web 服务器节点和计费节点。它们可以在同一个应用程序中使用。

 对应用程序的部分组件进行伸缩并不意味着整个应用程序都要进行伸缩。

事实上，能够对架构中各个独立的关注点进行伸缩是实现成本优化的重要特性之一。

当划分的伸缩单元要求资源能够同步分配时，就可以将其组合到自动伸缩规则中。

4.3.3　及时响应水平伸缩

云资源的供给并非瞬时就能完成。部署并启动新的计算节点需要一定的时间（可能十分钟或更长）。如果流畅的用户体验是优先考量的内容，则应制定能够提前响应趋势的规则，以确保在需求到来之前，容量已准备就绪。

一些应用程序会遵循 $N + 1$ 规则（参见第 10 章"节点故障模式"），即如果当前需要 N 个节点的话，则会部署 $N + 1$ 个节点来处理活动。这种做法为应对突发的活动高峰提供了缓冲，同时也在节点发生意外硬件故障时提供了额外的保障。如果没有这层缓冲，那么当流量激增时这些节点就可能会不堪重负，从而导致性能下降，更有甚者会导致用户请求超时或失败。一个负担过重的节点是无法提供理想的用户体验的。

4.3.4　不要过于敏感地缩减水平伸缩的节点数量

自动伸缩工具应具备一定的智能性，以防止其在云平台上过于频繁地执行伸缩操作。在 Amazon Web Services 和 Windows Azure，计算节点的租赁通常是按整点小时计费的：从 1:00 到 1:30 的租赁费用与从 1:00 到 2:00 的租赁费相同。但要注意，如果租赁时间是从 1:50 到 2:10，那么就会跨越两个整点小时，因此会按两个小时收费。

 如果在 1:59 请求释放一个节点，而该节点需要两分钟来完成正在处理的任务后再被释放，那么你是否会被计费？此时需要查阅云服务提供商的相关文档，以了解整点小时计费规则是如何在这种边界场景中执行的。有时可能会有一个较短的宽限期。

在设置缩减的最低节点数量时需要谨慎一些。如果允许将节点数量减少到仅剩一个节点的话，就需要意识到云平台的基础设施是建立在普通硬件上的，而这些硬件偶尔是会出现故障的。对于处理交互式用户请求的节点，这通常不是最佳实践，但在某些情况下（如周末偶尔的空闲时段）这种做法是合适的。对于不涉及交互用户的节点（例如发票生成节点），只保留一个节点通常是没有问题的。

4.3.5　根据需要调整上下限

实现自动伸缩并不意味着完全放弃对系统的控制。我们可以为自动伸缩设置上下限，以限制伸缩范围（例如，在低点始终保留一定的冗余，在高点则遵守财务预算）。自动伸缩规则可按需修改，并且在需要人工干预时随时禁用。对于那些无法完全自动化的复杂情况，自动伸缩方案通常可以在遇到需要特殊处理的情况时发送警报来提醒人们注意。

 云平台往往会提供服务级别协议（SLA），该协议用以保证虚拟机实例在给定的月份内按照一定的时间比例处于运行状态，并可以通过互联网进行访问。Windows Azure 和 Amazon Web Services 都提供了可用性达到 99.95% 的 SLA。但有一个前提条件：必须至少运行两个同类型的节点实例，才能享受 SLA 的保障。

这个要求非常合理：如果仅运行一个节点实例，那么该节点的任何中断都会导致停机时间，从而影响服务的可用性。因此，保持至少两个节点实例运行是确保高可用性的关键。

4.3.6 当心云平台强制执行的伸缩限制

公共云平台会对新账户启用默认的伸缩限制。这样做既是为了保护新账户的所有者，防止其因操作失误而意外将资源扩展到 10000 个节点，也是为了减少云服务供应商的潜在风险。由于按使用量付费的账户通常在月底结算，因此如果有人使用被盗的信用卡恶意注册账户，就很难追究其责任。为了防止这种情况，云平台采取了一些应对措施，例如对账户中的某些资源设置"软限制"。要解除这些软限制（例如提升账户可用的核心数上限），通常需要提交一次支持请求来获得授权。

4.4 示例：在 Windows Azure 上构建 PoP 应用程序

自动伸缩可以为照片页面（PoP）应用程序（在前言中已有描述）带来帮助。在 Windows Azure 上有多种自动伸缩实现方式可供选择。PoP 使用了 Microsoft Patterns&Practices 团队开发的一款工具，官方命名为 Windows Azure Autoscaling Application Block，简称 WASABi。

与其他一些自动伸缩解决方案不同，WASABi 并非 SaaS（软件即服务），而是一个自托管的软件模块。PoP 团队决定将 WASABi 部署在一个辅助角色实例上，并使用 Extra Small 规格的虚拟机实例（截至撰写时的费用为每小时 $0.02）。

 云应用程序通常使用一个"管理"角色实例来处理各种后台任务。所以该实例特别适合部署 WASABi。

WASABi 可以支持本章所提到的所有规则，并将规则划分为以下两类：

- 主动规则：也称约束规则（constraint rules），处理计划内的变更、设置实例数的最小值和最大值，并且可以设置优先级。

- 响应规则：响应规则（Reactive rules）会根据环境信号做出反应。

根据预算、历史活动、计划事件和当前趋势来选择合适的规则。因此 PoP 应用程序采用以下约束规则：

- Web 角色实例的最小数量和最大数量分别为 2 和 6。
- 图像处理辅助角色实例（负责处理新上传的图像）的最小数量和最大数量分别为 1 和 3。

PoP 的响应规则基于以下环境信号：

- 如果 ASP.NET 请求等待时间（性能计数器）>500 毫秒，则增加一个 Web角色实例。
- 如果 ASP.NET 请求等待时间（性能计数器）<50 毫秒，则释放一个 Web角色实例。
- 如果最近 15 分钟的 Windows Azure 存储队列平均长度 >20，则增加一个图像处理辅助角色实例。
- 如果最近 15 分钟的 Windows Azure 存储队列平均长度 <5，则释放一个图像处理辅助角色实例。

其中，第三条规则的优先级最高，因此会优先于其他规则而执行。其余规则按列表顺序排列优先级。

 WASABi 的规则是通过 XML 配置文件来定义的，并且可以在部署后使用 PowerShell 命令行工具进行管理。

要实现 ASP.NET 的请求等待时间，WASABi 需要访问运行中的 Web 角色实例的性能计数器数据。这是通过 Windows Azure 诊断监视器在两个层面上实现的。

首先，将每个运行中的实例配置为收集指定的数据，例如日志文件、应用程序的跟踪输出内容（调试信息）以及性能计数器。

然后，使用一个协作进程从每个节点收集数据，并将数据集中存储在 Azure 存储的中央位置。WASABi 会从这个中央位置读取数据来驱动响应规则。

WASABi 通过使用 Windows Azure 存储队列的编程接口直接获取当前队列长度，该接口使得访问队列长度的数值变得非常简单。这里所说的队列位于 Web 层与 Service 层之间，图像处理服务就运行在这里。更多细节请参考第 3 章"基于队列的工作流模式"。

虽然没有明确说明，但在 PoP 中使用了 WASABi 的稳定规则以避免因过度响应而导致的高成本。稳定规则可防止系统在分配虚拟机后过早释放实例，然后又立即分配新的实例，从而引发"抖动"现象。在某些情况下，延长原有虚拟机的使用时长反而会更经济。

4.4.1 限流

WASABi 还对实例伸缩（instance scaling）和限流（throttling）进行了区分。实例伸缩指的是通常意义上的伸缩操作，即添加或移除实例。而限流则是根据环境信号有选择地启用或禁用某些功能或特性，从而对资源的使用进行控制。限流是对实例伸缩的有效补充。例如，PoP 的图像处理服务实现了一种非常高级的照片增强技术，但这种技术也十分消耗资源。通过限流规则，我们可以在图像处理服务过载时禁用这一高级功能，并等待自动伸缩机制启动额外的节点。关键在于限流能够迅速生效，为新的节点启动并开始接收工作争取时间。

除了为节点争取启动时间之外，限流还适用于受约束规则限制而无法继续增加节点的场景。

需要注意的是，这里的 WASABi 限流不同于第 9 章"忙音模式"中描述的限流机制。

4.4.2 自动伸缩其他资源类型

到目前为止本章的所有讨论都集中在对虚拟机的自动伸缩上，那么其他类型资源呢？让我们来看看几个更高级的场景。

Web 层通过 Windows Azure 队列将数据传递到 Service 层，关于这一点的详细说明请参阅第 3 章"基于队列的工作流模式"。其中的关键环节在于双方都依赖于对该队列的可靠且快速的访问。尽管大多数应用程序不会遇到这个问题，但单个队列是有伸缩上限的。如果 PoP 的受欢迎程度高到每秒需要处理的队列消息数量超过了单个队列的承受能力，那该怎么办呢？解决方案是水平伸缩出更多的队列，从一个队列扩展到两个，再到三个，依此类推。同样，随着需求减少，还可以水平缩减（或缩容）到较少的队列。

对于数据库，考虑这样一个场景：一次大型活动门票的在线销售。在门票开售前，售票数据被分布（或分片，详见第 7 章"数据库分片模式"）到多个 SQL 数据库实例上，以应对在几分钟内售出数万张门票所需的负载。由于有多个数据库实例的支持，可以轻松处理用户流量。一旦门票售罄，数据就会被整合，并释放多余的数据库实例。此示例借鉴自附录 A 中提到的 TicketDirect 案例研究。

相关章节

- 水平伸缩计算模式（第 2 章）。

- 基于队列的工作流模式（第 3 章）。

- 数据库分片模式（第 7 章）。

4.5 总结

自动伸缩模式是一种用于自动化云管理工作的关键运维模式。通过将日常的伸缩活动自动化，可以更高效地实现成本优化，同时减少人工操作的工作量。

云原生应用程序可以从容应对资源的水平动态增减。云平台提供了便捷的监控和伸缩服务接口，此外还可以选择自托管的自动伸缩解决方案。

第 5 章

最终一致性入门

本章介绍了最终一致性，并解释了如何在系统中运用这种一致性模型。通过 CAP 定理强调了在分布式系统中维护数据一致性所面临的挑战，同时说明了为什么最终一致性可以作为一种可行的替代方案。

在最终一致性的数据库中，对同一数据值的并发请求可能会返回不同的值。这种情况是暂时的，因为这些值会在一段时间后变得"最终一致"。

最终一致性是对数据更新的一种方式，它是分布式事务的一种替代方案。采用这种一致性模型可以提高系统的扩展性、性能，并降低成本。是否采用最终一致性取决于业务决策。

通常情况下，最终一致性数据库的大部分数据是一致的，只有少量数据仍在更新中。在大多数应用程序中，数据的不一致状态通常只会持续几秒钟，但对这一时间长度不做强制要求。数据的一致性恢复时间取决于具体的应用场景，并可能随着当前环境的变化而有所不同。

5.1 CAP 定理与最终一致性

Brewer 提出的 CAP 定理（也称为 CAP 定理）阐述了分布式应用中数据的三种可能保证：一致性（Consistency）、可用性（Availability）和分区容错性（Partition Tolerance），简称为 CAP（虽然它准确的缩写应为 CAPT，但 CAP 更易于发音）。一致性意味着所有客户端获得的结果是一致的；可用性表示即使系统部分故障，客户端依然能够访问数据；分区容错性则表示即使应用中的节点之间无法通信，系统仍能正确运行。CAP 定理指出，在这三种保证中，一个分布式应用只能同时实现其中的两种。

当数据存储在单一节点上时，保证一致性相对简单。一旦数据被分布式存储，分区容错性便成为必须要考虑的问题。如果系统中的节点由于网络故障而无法通信，或者通信速度不足以满足性能和扩展性需求，会发生什么情况呢？不同的权衡方法对应着不同的方案。对于云原生应用程序而言，一个被广泛采用的方案是优先考虑分区容错性和可用性，而放弃即时一致性。

不保证即时一致性的应用程序被称为最终一致性（eventually consistent）应用程序。当放弃即时一致性所带来的业务价值（例如更少的风险、更少的负面影响或更低的成本）更大时，采用最终一致性是合理的。

对于习惯使用传统关系型数据库的开发者而言，可能不太熟悉最终一致性。最终一致性是一种功能特性，并非缺陷或设计错误。在适当的场景下，它能够显著提升扩展性，从而成为一项强大的工具。

5.2 最终一致性示例

"最终一致性"这一术语虽然较新，但其理念由来已久。早在域名系统（DNS）中就可以窥见一斑。DNS 是互联网名称解析功能的核心，负责将人类易读的网页地址（例如 *http://www.pageofphotos.com*）转换为计算机可以识别的 IP 地址（例如 12.34.56.789）。当某个域名的 IP 地址发生更改时，通常需要数个小时才能将更新传播到互联网上的所有 DNS 服务器（其中许多可能缓存了旧地址）。这种延迟被认为是一种合理的权衡。因为 IP 地址的更改频率很低，所以我们可以容忍偶尔的不一致性，以换取超强的扩展性。在 IP 地址变更后但尚未完全传播期间，一部分用户可能会被定向到旧的站点 IP 地址，而另一部分用户则会访问新的站点 IP 地址。

最终满足

最终最终一致性并不意味着系统对数据的一致性漠不关心。实际上，大多数数据几乎在任何时候都是一致的。只是数据更新在完全传播之前存在一个业务上可接受的延迟。在此延迟期间，不同用户可能会看到不同版本的数据。

照片页面（PoP）应用程序是最终一致性系统，因为在照片上传后到其呈现在网站访客面前之间会有一段延迟。此外，部分用户可能会比其他用户更早看到照片。一方面是由于数据在多个数据中心之间的复制所致，另一方面是因为内部处理延迟引起的，例如新上传照片的摄取过程。

 当数据的值不是最新值的时候，就被认为是过期（stale）的。有时用户会看到这些过期数据。当用户意识到数据已过时，并在短暂延迟后才看到最新数据时，这种情况被称为最终满足（eventual satisfaction）。

 如果你曾在网上"购买"演唱会或活动门票，却发现票已售罄，那么你已经亲身体验过最终一致性的影响。

Windows Azure、Amazon Web Services、Google App Engine，以及其他云平台在很多场景下都是最终一致性的。例如，在 Amazon CloudFront（亚马逊的全球 CDN 服务）和 Windows Azure Traffic Manager（Azure 的全球负载均衡服务）等全球服务启用后，需要数分钟的时间才能将更新传播到全球的节点。

CAP 定理是对这些思想的总结和概况，在云计算的分布式系统中得到了广泛应用，成为一些数据库架构的首选。

5.3 关系型数据库的 ACID 与 NoSQL 的 BASE

传统的关系型数据库提供四种所谓的 ACID 保证：

原子性（Atomicity）

    要么事务的所有操作都成功完成，要么全部撤销，不能部分完成。

一致性（Consistency）

    数据始终符合模式约束条件，保持有效状态。

隔离性（Isolation）

    同时竞争修改相同数据的事务会被顺序处理，避免冲突。

持久性（Durability）

    一旦提交的更改被保存下来，就不会丢失。

这些保证最初是在单节点数据库环境中提出的。当数据库被分布式部署时，这些保证变得更为复杂且成本更高。

对于单节点应用程序来说 CAP 定理并不重要，因为无需考虑分区容错。但是，随着数据库越来越多地采用分布式架构（如集群或具有地理分布的故障转移节点），CAP 定理的重要性就凸显出来了。

CAP 定理告诉我们，在一致性（Consistency）、可用性（Availability）和分区容错性（Partition Tolerance）这三个属性中，我们只能选择其中的两个，这种选择可以简化为以下三种组合：CA、AP 和 CP。每种组合都会导致不同的行为。我们在此关注 AP（可用性和分区容错性），即最终一致性（Eventually Consistent）。

根据定义，最终一致性数据库不支持 ACID 保证，但支持 BASE。一个 BASE 数据库具有以下特性：

基本可用（Basically Available）

    即使返回的是过期数据，系统也会作出响应，保证服务的基本可用性。

软状态（Soft State）

    系统状态可能暂时不一致，之后会进行修正。

最终一致性（Eventually Consistent）

系统允许数据变更在传播到全局之前存在延迟，但最终会达到一致状态。

BASE 通常与 NoSQL 数据库相关联，而 NoSQL 数据库服务在云端非常受欢迎。NoSQL 或者称为 Not Only SQL 是一种近年来兴起的数据库风格。NoSQL 数据库通常以牺牲传统关系型数据库的一些高级特性为代价来换取对扩展性的最大支持。例如，它们通常只提供有限的事务能力，且不支持 ACID 保证。值得注意的是，NoSQL 数据库通常设计为支持分片技术，这一概念将在第 7 章"数据库分片模式"中进一步探讨。

与高中化学课上学到的酸（acid）碱（base）理论不同，ACID 和 BASE 可以在同一个应用程序中安全地一起使用。

5.4 最终一致性对应用程序逻辑的影响

前面的示例主要介绍了一些常见或直观的最终一致性场景。然而，当开发人员发现数据库使用最终一致性时，通常会感到意外。我们已习惯了在将值写入数据库后，可以立即读取到最新的值。如果数据库是最终一致性的，这种行为将无法得到保证。

Google 的 App Engine 数据存储服务和 Amazon 的 S3 存储服务都采用最终一致性模式。有时候，用户可以自行选择一致性类型。例如，Amazon 的 SimpleDB 数据库服务允许用户配置一致性级别，不同级别的性能特征也有所不同。许多 NoSQL 数据库同样是最终一致性的。

 相比之下，Windows Azure Storage 是即时一致性（Immediately Consistent）的，即用户可以立即读取到刚刚写入的值。这种一致性有时也被称为强一致性（strongly consistent）或严格一致性（strictly consistent）。

需要注意的是，最终一致性数据库始终支持一定程度的原子性。为了能正确使用最终一致性数据库，开发人员应仔细查阅其文档，了解哪些操作被视为原子操作。通常情况下，写入单个记录的操作，即使涉及更改十个属性，也会作为一个原子单元进行传播。在传播过程中，这十个属性的更改不会单独出现，而是作为一个整体操作。换句话说，在所有更改可见之前，任何部分更改都不会被单独显示。

那么，开发人员应该如何应对最终一致性数据存储呢？

5.4.1 关注用户体验

有时候，合理的做法就是不考虑数据的一致性，从而直接使用当前已有的数据。这种做法在很多最终一致性适用的场景中效果出奇地好，因为用户往往无法察觉到数据的不一致。

然而，这种策略的有效性取决于用户的角色。如果用户就是刚刚更新数据的那个人，那么展示用户预期的更新结果比等待最终一致性更加重要。在这种情况下，用户界面可以选择直接更新界面内容，以反映用户刚刚提交的更改，而不必立即从数据库中刷新数据（因为数据库中的数据可能尚未同步，存在过期风险）。

5.4.2 编程差异

尽管数据存储系统在实现上各有不同，但它们通常具备一些共性。其中，乐观并发控制和"最后写入优先"（last write wins）模型是最为常见的两个特性。这两个特性相辅相成，使得应用程序能够按照以下方式操作数据：应用程序首先从数据存储中读取一个值，将其加载到内存中并进行更新。在更新完成后，将数据有条件地写回存储。这里的条件通常是基于时间戳。如果存储中的时间戳与原始值的时间戳相同，说明数据在此期间没有发生更改，因此可以安全地提交更新，不会导致数据丢失。

有些数据存储系统的设计比"最后写入优先"更加复杂和智能。例如，Amazon 的 Dynamo 数据库是专为 Amazon.com 的购物车功能而构建的。

Dynamo 支持合并同一购物车的多个版本,这种情况可能发生在系统暂时分区(CAP 理论中的"P",分区容错性)期间。这种特性对于其用途而言是合理的,尤其是购物车这样的关键功能。

如果所有写操作都集中在单个位置,处理最终一致性将变得更简单。这种情况在 Couchbase 和 MongoDB 等 NoSQL 数据库中比较常见。在这些数据库中,写入操作只能提交到某个主节点负责的特定数据值。一旦写入,更新的值将被传播到其他节点,这些节点无法修改该数据值。在这种架构中,最终一致性问题仅在读取操作时才需要考虑。

5.5 总结

CAP 定理为分布式数据库中无法同时保证一致性和可用性提供了理论依据。一个常见且实用的折中方案是允许数据达到最终一致性,以换取更好的扩展性。对于应用程序的数据是否适合采用最终一致性,需要根据业务需求做出决策。这一选择需要在显示过时数据与提高扩展效率之间进行权衡。

第 6 章

MapReduce 模式

该模式侧重于 MapReduce 数据处理模式的使用。

 本章所介绍的 MapReduce 与 Hadoop 的使用息息相关，只有了解了这一点才能有助于明确其功能，从而避免与其他变体相混淆。除非直接引用 Hadoop 项目（下文将介绍），其余部分均使用 MapReduce 一词。

MapReduce 是一种数据处理方法，为处理高度并行化的数据集提供了一种简洁的编程模型。它以集群的方式实现，由许多节点并行处理数据的不同部分。虽然启动一个 MapReduce 作业的开销较大，但一旦开始运行，相较于传统方法，其处理速度会显著提升。

MapReduce 需要编写两个函数：mapper 和 reducer。这些函数以数据作为输入，然后返回经过转换的数据作为输出。这两个函数会被反复调用，每次只处理一部分数据。mapper 的输出在被汇总后传递给 reducer。通过这两个阶段，数据被逐步处理筛选，从而能够有效处理海量数据。

MapReduce 专为批量处理数据集而设计，因此其性能瓶颈取决于集群的规模。编写的 map 和 reduce 函数无需根据数据集大小进行修改，能从处理千字节的小型数据集平滑扩展到处理 PB（拍字节）级别的大型数据集。

MapReduce擅长处理的大数据集包括：文本文档（如Wikipedia中的所有文档）、Web服务器日志，以及用户的社交图谱（如发现新的社交推荐连接）等。

在这些场景中，数据被分片到集群的不同节点中，从而实现高效处理。

6.1 背景知识

MapReduce模式在应对以下挑战时非常有效：

- 应用程序需要处理存储在云端的大量关系型数据。

- 应用程序需要处理存储在云端的大量半结构化或非规则化数据。

- 应用程序对数据分析的需求会频繁变化或者多是临时需求。

- 应用程序需要生成传统数据库报表工具无法高效创建的报告，因为输入数据过于庞大或结构不兼容。

 一些云平台可能提供基于Hadoop的按需服务。本模式默认使用Hadoop作为基础服务。

Hadoop将MapReduce作为批处理系统来实现。其优化目标是灵活高效地处理海量数据，而非追求快速响应。

MapReduce的输出用途很多，常用于数据挖掘、报表生成或将数据整形为可供传统报表工具使用的格式。

MapReduce 即服务

Amazon Web Services、Google 和 Windows Azure 均提供了按需使用的 MapReduce 服务。

Amazon Web Services 和 Windows Azure 的服务基于开源项目 Apache Hadoop（*http://hadoop.apache.org*）。

Google 的服务虽然也使用了 MapReduce 模式，但并未使用 Hadoop。事实上，Google 早先发明 MapReduce 是为了解决他们在处理海量数据（例如通过爬取公共网站收集的页面之间的超链接）时遇到的问题。尤其是在使用 MapReduce 对这些链接进行分析的同时结合 Googl 著名的 PageRank 算法来判断哪些网站最值得在搜索结果中展示。之后，Google 发表了一些学术论文，解释了他们的这一做法，Hadoop 项目正是基于这些论文模型而创建的（相关链接见附录 A）。

云平台中的模式支持

云平台擅长对海量数据进行管理。大数据分析的一个核心原则是"计算向数据靠拢"（bring the compute to the data），因为传输大量数据既昂贵又耗时。分析已存储在云端的数据时，使用云服务通常是最具成本效益且效率最高的选择。

 如果大量数据存储在本地数据中心，则使用本地的 Hadoop 集群进行分析通常更为高效。

Hadoop 大大简化了分布式数据处理流程的构建过程。在云端以服务形式运行 Hadoop 更进一步简化了 Hadoop 的安装和管理。Hadoop 云服务可以直接访问某些云存储服务中的数据，例如 Amazon S3 和 Windows Azure Blob 存储。

通过 Hadoop 云平台服务使用 MapReduce 时可以按需以短时间周期的方式租用实例。由于 Hadoop 集群通常涉及多个计算节点，甚至多达数百个，因此对成本的节约效果会非常显著。特别是当数据已存储在与 Hadoop 深度集成的云存储服务中时，这种方法尤为方便。

6.2 影响

成本优化、可用性、扩展性。

6.3 机制

计算机科学中的 Map 和 Reduce

MapReduce 模式的命名源自函数式编程中的 *map* 和 *reduce* 概念。在计算机科学中，map 和 reduce 所描述的函数可作用于元素列表。map 函数作用于列表中的每个元素，生成一个新的元素列表（有时称为投影）。reduce 函数作用于列表中的所有元素，并生成一个单一标量值。

以列表 ["foo","bar"] 为例。将单个字符串转换为大写字母的 map 函数，会生成一个所有字母都是大写的列表：["FOO","BAR"]。而将字符串列表进行拼接的 reduce 函数，则会生成一个单一字符串："FOOBAR"。返回字符串长度的 map 函数会生成一个包含各个单词长度的列表：[3,3]。将整数列表相加的 reduce 函数最终会生成一个总和 6。

map 生成一个新列表，reduce 得到一个标量结果。概念虽然简单，但功能强大。

该模式中所实现的 map 和 reduce 函数在概念上与计算机科学中的版本类似，但又不完全相同。在 MapReduce 模式中，列表由键 / 值对组成，而不仅仅是单一的值。此外，值的类型也可以有很多种，例如文本块、数字，甚至是视频文件。

Hadoop 是一个用于将 map 和 reduce 函数应用于任意规模数据集的高级框架。它将数据分割成一个个的小单元，并将这些单元分布到数据节点的集群中。一个典型的 Hadoop 集群包含数个到数百个数据节点。每个数据节点接收一部分数据，并根据作业跟踪器（job tracker）的指示，对本地存储的数据调用 map 和 reduce 函数。在云环境中，"本地存储"指的是持久化的云存储，而不是计算节点的本地磁盘驱动器，但两者的工作原理是一致的。

数据可以按照工作流的形式进行处理，其中多个 map 和 reduce 函数组成的集合可以依次应用。前一个 map/reduce 对的输出作为下一个 map/reduce 对的输入。最终输出结果通常存储在计算节点的本地磁盘或云存储中。该输出的结果可能是所需的最终数据，也可能只是一次数据整形操作，以便为后续的分析工具做准备，如 Excel、传统报表工具或商业智能（BI）工具等。

6.3.1 MapReduce 的使用场景

MapReduce 在许多数据处理任务中都表现出色，尤其在所谓的"尴尬的并行问题"（embarrassingly parallel problems）中。尴尬的并行问题可以轻松实现并行化处理。这是因为数据元素之间是独立的，可以按任意顺序处理。这种模式的应用场景十分广泛，虽然在此无法详尽列举，但从网络日志文件处理到地震数据分析都有其身影。

身边的 MapReduce

我们在不知不觉中可能已经或多或少体验过了 MapReduce 所带来的成果。LinkedIn 使用它来为我们推荐可能想要添加的联系人；Facebook 借助它来帮助我们找到可能认识的朋友；Amazon 则用它来推荐书籍。MapReduce 被广泛应用于旅游网站、婚恋网站、风险分析以及数据安全等领域。使用场景种类繁多且范围广泛。

该模式通常不适用于小型数据集，而是用于业界所说的大数据（big data）的场景。关于大数据的定义尚无明确标准，但通常是指从数百兆字节（MB）或千兆字节（GB）起步，直至拍字节（PB）级别的数据。由于 MapReduce 是一个分布式计算框架，能够简化数据处理，因此可以合理地认为，当数据量大到单台机器或传统工具无法处理时，就可以被归为大数据。

如果所处理的数据量最终有可能增长到这样的规模，那么就可以当数据集规模较小的时候就着手开发此模式，并随着数据的增长持续扩展。从编程的角度来看，分析几个小文件和分析分布在数百万个文件中的拍字节级数据之间并没有本质区别。Map 和 Reduce 函数在这两种情况下都无需修改。

6.3.2 超越 Map/Reduce 的高级抽象

Hadoop 支持使用 Java 来编写 map 和 reduce 函数。当然，其他任何支持标准输入和标准输出的编程语言（例如 C++、C#、Python）都可以通过 Hadoop 流（Hadoop streams）来实现 map 和 reduce 函数。此外根据具体的云环境，还可以支持其他更高级的编程语言。例如，在 Hadoop on Azure 中，可以使用 JavaScript 来编写 Pig 脚本（Pig 将在后面介绍）。

Hadoop 的功能远不只是一个强大的分布式 map/reduce 引擎。Apache Hadoop 项目中包含许多其他的库，因此更准确地说，Hadoop 其实是一个生态系统。这个生态系统提供了超越 map/reduce 的高级抽象。

例如，*Hive* 项目提供了一种类似于传统 SQL 的查询语言抽象。当用户发出查询时，Hive 会在后台生成 map/reduce 函数并执行这些函数来完成查询请求。使用 Hive 进行交互式的临时查询，与使用传统关系型数据库的体验类似。然而，由于 Hadoop 是一个批处理环境，因此查询的运行速度可能不如关系型数据库快。

Pig 是另一个查询抽象工具，使用一种名为 Pig Latin 的数据流语言。Pig 会在后台生成 map/reduce 函数并执行这些函数，以实现 Pig Latin 中描述的高级操作。

Mahout 是一个负责更复杂作业的机器学习抽象工具，例如音乐分类和推荐。与 Hive 和 Pig 一样，Mahout 会生成 map/reduce 函数并在后台运行这些函数。Hive、Pig 和 Mahout 的工作方式类似于编译器，将高级抽象（如 Java 代码）转换为机器指令。

Hadoop 生态系统还包括许多其他工具，并非所有工具都依赖于生成和执行 map/reduce 函数。例如，*Sqoop* 是一个关系型数据库连接器，它允许您访问高级的传统数据分析工具。这种组合通常最具威力：使用 Hadoop 来获取正确的数据子集并将其转换为所需的形式，然后利用商业智能工具完成后续的分析处理。

6.3.3 不仅仅是 map 和 reduce

Hadoop 的能力不仅限于运行 MapReduce。它更像是一个高性能的操作系统，用于以低成本构建分布式系统。

为了数据安全，Hadoop 会将每个字节的数据存储三份。这种三重存储策略类似于云存储服务的做法，只不过 Hadoop 将数据写入到数据节点的本地磁盘驱动器上。虽然可以选择使用云存储来替代本地存储，但这并非必须。

Hadoop 还支持自动故障恢复。当集群中的某个节点发生故障时，系统会自动替换该节点、重启正在运行的任务，并确保数据不会丢失。此外，Hadoop 内置了跟踪和监控功能，以便于集群的管理和维护。

6.4 示例：在 Windows Azure 上构建 PoP 应用程序

我们计划为照片页面（PoP）应用程序（在前言中描述过）新增一个功能：高亮展示历史上最受欢迎的页面。要实现这个功能，首先需要收集页面浏览数据。这些数据通常会记录在 Web 服务器日志中，因此可以方便地从日志中解析出来。如第 2 章 "水平伸缩计算模式" 中所述，PoP 的 IIS Web 日志已被收集并存储在 Blob 存储中。

我们可以通过 Hadoop on Azure 来直接从 Blob 存储中读取这些 Web 日志文件作为输入数据。我们需要提供 Map 和 Reduce 函数来处理这些日志文件。这些 Map 和 Reduce 函数会逐行解析日志文件，从中提取出访问的页面。日志文件中的每一行都会包含一个页面引用，例如，某行日志可能记录了用户访问了 *http://www.pageofphotos.com/jebaka*，其中字符串 "/jebaka" 就是对应的页面。我们不仅可以让 map 函数去掉该字符串前面的斜杠字符，还可以让 map 函数忽略与页面访问无关的行，例如那些用于图像下载的行。由于 MapReduce 要求 map 函数以键值对的形式返回，所以该 map 函数会返回诸如 "jebaka,1" 这样格式的字符串，其中 "1" 表示该页面的访问次数为 1。

MapReduce 会将所有的 "jebaka,1" 实例收集到一个列表中，然后传递给 Reduce 函数。传递给 reduce 函数的列表以键 "jebaka" 开头，后跟多个值。类似 "jebaka, 1 1 1 1 1 1 1 1 1 1" 这样的格式（具体视该页面的访问次数而定）。reduce 函数需要将所有的访问次数加起来（例如 10 次），然后返回 "jebaka,10"，就这么简单。

MapReduce 会自动统计所有的页面访问次数，最终生成一堆包含页面访问总数的文件。虽然可以编写更多的 map/reduce 函数来进一步简化数据处理，但示例中使用了简单的文本扫描（而不使用 MapReduce）来找到访问量最多的页面，并将该值缓存起来供 PoP 主页逻辑使用，以展示最受欢迎的页面。

如果希望每周更新一次最受欢迎页面的数据，可以设置一个定期触发的 MapReduce 作业。Hadoop on Azure 集群中的各个节点（实际上是后台的辅助角色实例）将在每周任务运行期间被分配，只在短时间内占用资源。

要实现集群的周期性启动而不丢失数据，关键在于把数据持久化存储到云存储中。在我们的场景中，Hadoop on Azure 从 Blob 存储中读取 Web 日志，并将分析结果写回 Blob 存储。这种方式既方便又节省成本，因为计算节点可以按需分配来运行 Hadoop 作业，并在作业完成后释放。如果数据是保存在计算节点的本地磁盘上（这是传统非云环境中 Hadoop 的做法），那么这些计算节点就需要持续运行，无法释放。

 截至本书撰写时，Hadoop on Azure 服务还处于预览阶段，尚不支持用于生产环境。

相关章节

- 水平伸缩计算模式（第 2 章）。

- 最终一致性入门（第 5 章）。

- 共址模式（第 12 章）。

6.5 总结

MapReduce 模式为高效处理任意规模的数据提供了简易工具。在大量的常见场景中，使用传统方法处理数据不具备经济可行性。Hadoop 生态系统提供了更高层次的库，简化了复杂 Map 和 Reduce 函数的创建和执行。同时，Hadoop 还便于将 MapReduce 的输出结果与其他工具集成，例如 Excel 和商业智能（BI）工具。

第 7 章

数据库分片模式

这种高级模式专注于通过分片实现数据的水平伸缩。

对数据库进行分片是指从一个单一的数据库开始，将其中的数据分散到两个或更多数据库（分片）中。每个分片的数据库架构与原始数据库相同。数据通常按照一定的规则进行分布，每条记录只会出现在一个分片中。所有分片的数据集合起来，与原始数据库中的数据保持一致。

尽管分片后会涉及多个物理数据库，但所有分片的集合仍然被视为一个单一的逻辑数据库。

7.1 背景知识

数据库分片模式可以有效应对以下挑战：

- 应用程序的数据库查询量超出了单个数据库节点的查询能力，导致响应时间无法被接受或查询超时。

- 应用程序的数据库更新量超出了单个数据库节点的事务处理能力，导致响应时间无法被接受或更新超时。

- 应用程序的数据库网络带宽需求超出了单个数据库节点的可用带宽，导致响应时间无法被接受或连接超时。

- 应用程序的数据库存储需求超出了单个数据库节点的容量限制。

本章节默认使用支持内置分片功能的数据库服务来进行分片。如果数据库服务不提供内置分片支持，则分片需在应用层实现，这将显著增加复杂性。

云平台中的模式支持

从以往来看数据库分片模式并不流行。数据库分片模式并不常见，因为分片逻辑通常是由应用程序自定义实现的。这种方法会显著增加数据库管理和应用程序逻辑的复杂性和成本。云平台有效地屏蔽了这些复杂性。

一些云数据库服务内置了对数据库分片的支持，适用于关系型数据库和 NoSQL 数据库。

 内置分片支持将分片的复杂性下移到数据库服务层，从而简化了应用程序代码。

所有在单节点上运行的数据库最终都会面临容量限制的问题。不同于客户自有的高端硬件，云环境中的容量限制阈值很低。因此云平台中的限制会更容易被触及，这就要求数据库能及早地进行分片。这种情况可能会推动分片在云原生应用中的流行。

7.2 影响

扩展性、用户体验。

7.3 机制

传统（非分片）数据库通常部署在单个数据库服务器节点上。所有运行在单节点上的数据库都受限于该节点的容量。当出现对 CPU、内存、磁盘速度、数据存储容量和网络带宽等资源的竞争时，数据库处理活动的能力可能会受到影响；若竞争过于激烈，可能会压垮数据库。由于云数据库服务使用的是通用硬件并且往往是多租户共同使用同一个服务器，因此这种容量限制在云数据库服务器上尤为严重。多租户的概念参见第8章"多租户与通用硬件入门"。

当单个节点不再能够满足需求时，有多种方法可以用来对数据库进行扩展。例如：将查询负载分配到从节点（slave node）；按数据类型拆分为多个数据库；垂直伸缩数据库服务器。主数据库将数据复制到只读的从节点，从节点通常是最终一致性的。这种方法可以分担查询负载，但不能处理写入/更新操作。另一种方法是根据数据类型分成多个数据库。例如，将库存数据存储在一个数据库中，而将员工数据存储在另一个数据库中。如果想自行管理在云端的数据库服务器，也可以选择垂直伸缩的方式。但这是极为痛苦的权衡，而且仍然会受到虚拟机最大容量的限制。在云环境中，最符合云原生思想的扩展方案是数据库分片。

数据库分片模式是水平伸缩方法的一种，它通过将数据库分布到多个数据库节点上来克服单个数据库节点的容量限制。每个节点存储一部分数据，这些节点被称为分片（Shard）。所有分片中的数据共同构成一个完整的逻辑数据库。在具有内置分片支持的数据库服务中，这些分片对于应用程序而言就像是一个单一的数据库，并且使用一个统一的数据库连接字符串。这种抽象极大地简化了应用程序的编程模型。然而，正如我们将要看到的，这种模式也存在一些局限性。

分片的自治性

分片是一种水平伸缩策略，在该策略中，所有分片（或节点）的资源共同作为分布式数据库的整体容量。分片数据库通常采用无共享架构（shared nothing architecture）。这意味着各节点之间是相互独立的，它们不共享磁盘、内存或其他资源。

为了提高该方法的运行效率，常见的业务操作必须通过单个分片来完成，而不支持跨多个分片的事务。

简而言之，分片之间不会相互引用。每个分片都是独立自治的。

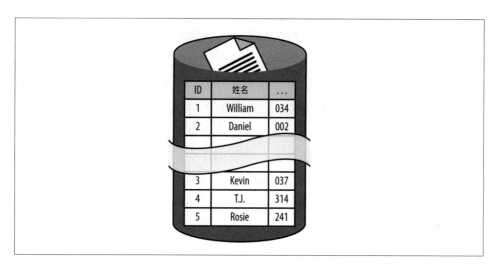

图 7-1：数据分布在不同的分片中并保持相同的结构。图中展示了两个分片：一个分片存储 ID=1-2 的记录，另一个分片存储 ID=3-5 的记录

如图 7-1 所示，在这个最简单的模型中所有分片与原始数据库具有相同的数据库架构。因此它们在结构上完全相同，而数据则被分配到不同的分片中。为了实现分片的预期效果，行数据的分配方式至关重要。

7.3.1 分片标识

在分片数据库中，会指定特定的数据库字段作为分片键（shard key）。该键用于决定某一数据库记录应存储在哪个分片节点上。访问数据时必须使用分片键。

举个浅显易懂的例子，使用用户名（username）字段作为分片键，并根据用户名的首字母来确定分片。所有以 A-J 开头的存储在第一个分片中，而 K-Z

开头的存储在第二个分片中。当用户使用他们的用户名登录时，系统可以直接访问他们的数据，因为用户名就是有效的分片键。

再举个复杂点的例子。使用客户 ID（customerid）字段作为分片键，该字段中存储的是 GUID。当用户通过用户名登录时，系统无法直接获得有效的分片键。这种情况下，可以在分布式缓存中维护一个映射表，通过用户名查找分片键（customerid），然后访问用户的数据。

7.3.2 分片分布

在制定合理的分片策略时，首先要明确一个核心问题：为什么要进行分片？根据这个问题的答案，可以帮助我们选择合适的分片方式。如果分片的原因是数据量过大，单个节点无法容纳，那么应该将数据均匀地划分到多个分片中，使每个分片的数据量大致相同，从而使数据能够适配到各个节点。如果分片的目的是提升性能，则应该根据查询和更新的数据库操作量来分配数据，确保每个分片节点承载的数据库查询和更新量相似。

如果是为了扩展性或查询性能而进行分片，应当在单个节点的处理能力达到上限之前添加新的分片节点。运行时日志和分析工具对于理解分片数据库的行为至关重要。一些商业数据库提供了自动分析和自动分片的功能。

确保大多数常见的数据库操作都能在单个分片上独立完成是至关重要的。否则，分片的效率就会降低。

诸如数据聚合等报告功能因涉及多个分片，所以可能会变得复杂。一些数据库服务器提供了支持跨分片操作的功能。例如，Couchbase 支持跨分片的 MapReduce 作业。如果数据库服务器不支持跨分片操作，就需要在应用层实现这些功能，这将增加系统的复杂性。

还可能出现更高级的分片场景。不同的数据表可以使用不同的分片键，从而形成多个分片集。例如，客户表和库存表可能基于不同的分片策略进行分片。此外，还可以通过组合不同的数据库实体键来创建复合分片键。

7.3.3 什么情况下不使用分片

为云原生应用程序而设计的数据库架构通常都支持分片。但是不能认为所有
数据库都可以更改为支持分片。这种情况在那些经过多年演变的老旧数据库
中尤为明显。虽然对此进行详细分析超出了本章的范畴，但可以确定的是，
一个设计不佳的数据库是不适合分片的。

值得强调的是，尽管本书没有深入探讨传统的数据库优化技术，因为这些技
术在云环境中并无本质区别，但它们仍然完全适用于云环境。数据库优化、
合理的索引设计、查询调优以及缓存策略在云端仍然是有效且有价值的手段。
不能因为云平台能够更容易地实现分片，就认为它可以解决所有数据库扩展
或性能问题。

云原生是否适合你的应用程序？

为了能最大限度地发挥云端的价值，我们需要构建云原生应用程序。构
建云原生应用程序需要我们从不同的角度来重新思考架构中的一些重要
内容。但这并不意味着我们应该抛弃传统的数据库调优技能，因为这些
技能在云环境中依然适用。

此外，虽然本书提供了构建云原生应用程序的模式和方法，但这种方法
并不适用于所有应用程序。数据库架构是许多现有应用程序的核心，从
垂直伸缩架构切换到水平伸缩架构是一个重大变革。有时候，正确的
业务决策是自行托管一个关系型数据库实例，以便无需更改数据库架
构就能迁移到云平台。当然，这样做会放弃许多云原生带来的好处，但
至少可以通过使用在 Amazon 或 Windows Azure 平台上运行的 Linux 或
Windows 虚拟机来实现。这种方法还可以作为一个过渡性解决方案，帮
助企业逐步迈向全面云原生的架构转型。

7.3.4 并非所有数据库表都需要分片

有些数据库表不需要分片，而是被复制到每个分片中。这类表通常包含参考
数据（reference data），这些数据不与任何特定业务实体相关联，并且以读

取操作为主（read-mostly）。例如，邮政编码列表就是一种参考数据，应用程序利用这些数据根据邮政编码确定城市名称。将参考数据复制到每个分片中，以保持分片的独立性，即查询所需的所有数据都必须在该分片内。

除此之外的表通常会分片。与参考数据不同，分片表中的每一行记录只存储在一个分片节点上，不会出现重复的副本。

通常会对那些占据大量数据存储空间并承载大部分数据库流量的表进行分片。与之相比，参考数据通常较少变化，其数据量也远小于业务数据。

7.3.5　云数据库实例

将多个数据库实例作为一个逻辑数据库使用时，可能会遇到一些意想不到的情况。在分布式系统中，各个实例的内部时钟永远不会完全同步。因此，在使用数据库时间来确定事件的时间顺序时，需要谨慎对待跨分片的时间戳。

而且，云数据库通常使用世界协调时间（UTC）而不是本地时间。这就要求应用程序代码需要在用户界面进行展示或生成报表时将时间转换为正确的本地时间。

7.4　示例：在 Windows Azure 上构建 PoP 应用程序

照片页面（PoP）应用程序（在前言中已有描述）使用 Windows Azure SQL 数据库来管理用户生成的照片数据。基本的账户信息包括姓名、登录标识符（电子邮件地址）和文件夹名称。例如，名为 *kevin* 的文件夹对应于照片页面 *http://pageofphotos.com/kevin*。照片数据则包括描述信息、时间戳和地理位置信息。

2012 年 6 月，SQL Azure 服务更名为 Windows Azure SQL 数据库，简称 SQL 数据库。由于 SQL Azure 这一名称已经被使用了很长时间，因此很多人仍然习惯使用旧名称，大多数现有的网络资料也是以旧名称撰写的。本书中统一使用新名称。

此外，还有一些跨照片和账户的数据。例如，照片标签可以用于多个照片，地理数据可以进行关联（例如"附近拍摄的其他照片"），而用户之间的评论也会创建指向其他账户的交叉引用。此外，用户还可以关注其他用户的页面（这样当他们发布新照片时可以收到提醒邮件）等。这种天然具备关系性的数据表明，使用关系型数据库是一个不错的选择。

随着 PoP 应用的受欢迎程度逐渐提高，活跃用户数量也不断增加，最终导致数据库活动量成为瓶颈。正如第 9 章"忙音模式"中所解释的那样，偶发的限流还在我们的预料之中，但 PoP 的使用量已经超出了单个数据库实例的处理能力。为了解决这一问题，PoP 对数据库进行了分片，将负载分散到多个分片上，从而确保每个分片都能轻松应对各自的请求量。

Windows Azure SQL 数据库提供了一种名为联邦（Federations）的功能，用于提供内置的分片支持。该功能可以帮助应用程序灵活的管理分片集合，从而减少应用层的复杂性。PoP 应用通过使用联邦功能来实现分片。

联邦功能使用的术语与本章前面提到的术语有所不同。联邦（federation）相当于分片（shard），联邦键（federation key）相当于分片键（shard key），而联邦成员（federation member）是承载联邦的数据库节点。本节其余部分将使用 Windows Azure SQL 数据库的特定术语。

PoP 通过电子邮件地址标识用户，并将其作为联邦键。在使用联邦功能时，应用程序需要根据联邦键指定每个联邦的数据信息范围。在 PoP 的场景中，初始步骤是将负载分散到两个联邦中。第一个联邦包含所有电子邮件地址以字符"a"到"g"开头的数据，而其余数据则分配到第二个联邦中。

启用联邦功能前，必须进行一次配置，最重要的操作是建立联邦的数据信息范围。这可以通过新的数据库更新命令 ALTER FEDERATION 来完成。一旦应用程序定义了联邦范围，"联邦"功能就会自动开始将数据迁移到相应的联邦成员中。在应用程序代码中，只需要添加少量的模板化代码（如发出 USE FEDERATION 命令），其他的应用逻辑与未使用联邦功能时基本相同。

 ALTER FEDERATION 命令目前支持 SPLIT AT 指令，该指令用于指定如何在分片之间划分数据。而其反向操作 MERGE AT 尚未发布。在 MERGE AT（或等效功能）发布之前，减少 SQL 数据库中的分片数量比将来预计的操作要烦琐一些。有关如何在当前模拟 MERGE AT 的详细信息，请参阅附录 A。

7.4.1 联邦的重新平衡

随着 PoP 的不断增长，最终需要对联邦进行重新平衡。例如，将数据平均分配到三个联邦中。这也是联邦功能最强大的特点之一：它能够在后台处理所有重新平衡的细节，无需数据库停机，同时保持所有的 ACID 保证，且无需更改应用程序代码。

 联邦功能会自动处理跨联邦的数据分布，包括重新分布的过程，且不会导致数据库停机。这是与应用程序层分片的两个主要区别之一。另一个主要区别是，无论有多少个联邦成员，对于应用程序而言，联邦都表现为一个单一的数据库。这种抽象允许应用程序只需处理一个数据库连接字符串，从而简化了缓存管理和数据库连接池的使用。

7.4.2 跨联邦的扇出查询

回顾一下，在数据库分片中，并非所有的表都被联邦化。为了保持自治性，参考数据会复制到所有联邦成员中。如果参考表没有复制到各个联邦成员，那么在数据库查询中就无法在不涉及多个联邦的情况下进行表连接。

PoP 有一些用于支持用户为照片添加标签功能的参考数据，例如 *redsox*、*theater*、*heavy metal* 或 *manga*。为了在用户之间保持一致性，这些标签存储在一个共享的 Windows Azure SQL 数据库表中，并经常在多个联邦之间的查询和更新中使用。由于这是参考数据，因此我们将其复制到每个联邦中。

那么，当我们需要添加一个新标签时会发生什么呢？我们编写应用程序代码，将变更复制到所有的联邦中。这个过程是通过扇出查询（fan-out query）来实现的，它会访问并更新每个联邦成员。由于更新操作是通过应用程序代码执行的，因此在扇出查询进行时，不同的联邦成员可能会拥有不同的标签集。对于 PoP 来说，只要照片标签列表是最终一致的，那么这个业务风险是可以被接受的。

扇出操作

PoP 的参考数据示例使用了扇出查询（fan-out query）来将参考数据的更改复制到所有联邦成员。这种操作被称为"扇出查询"，因为它会向每个联邦成员"扇出"，但严格来说，它实际上是一个更新操作，而非查询操作。当然，也可以进行查询操作，但需要注意的是，所有的表连接操作都必须在应用程序代码中完成。可以使用 Windows Azure SQL 数据同步来保持各个联邦成员之间标签数据的同步。

扇出查询的实现方式类似于 MapReduce：对各个联邦成员应用查询（map），然后将中间数据合并和精炼成最终结果（reduce）。

Hadoop on Azure 也是一个处理跨联邦成员大规模数据的有用工具。Hadoop 作业可以用于数据整形，将大型数据集预处理成更小的子集，使其能够通过 Excel 或传统报表工具轻松分析。如前所述，Sqoop 可以用来使 Hadoop 连接到 Windows Azure SQL 数据库实例。

7.4.3 NoSQL 替代方案

PoP 的数据是关系型数据，因此适合使用关系型数据库来对这些数据进行管理。也可以选择其他合理的替代方案，如 NoSQL 数据库。这两者之间需要权衡取舍。

Windows Azure 提供了一种 NoSQL 数据库即服务，这就是 Windows Azure 存储的表服务。

表服务是一个键值存储（key-value store），意味着应用程序代码通过指定一个键来设置或获取对应的值。这是一种简单的编程模型。每个值可以包含多个属性（最多 252 个自定义属性和 3 个系统属性）。开发人员可以为每个自定义属性选择一些标准数据类型，例如整数、字符串、二进制数据（最大 64KB）、双精度浮点数、GUID 等。三种系统属性分别是时间戳（对乐观锁定有用）、分区键和行键。

分区键在概念上与联邦（或分片）键类似，用于定义一组数据行（每行由行键标识），并保证这些数据行存储在同一个存储节点上。联邦与表服务的不同之处在于，每个联邦成员只承载一个联邦，而表服务会根据使用情况决定每个存储节点上包含的分区键数量。表服务会根据观察到的使用情况自动在存储节点之间移动分区以进行优化，其自动化程度高于联邦。

希望未来联邦功能能从"集成分片"服务发展成为完全"自动分片"服务。届时，联邦将能将代表用户监控数据库对数据的分析，并根据数据规模、查询量和数据库事务量做出合理的平衡决策。

然而，与 SQL Database 相比，Azure 表服务在管理关系方面的能力较弱。表服务不支持数据库模式，也没有类似于关系型数据库中的引用完整性或表间约束的功能，也没有外键。这意味着应用层需要负责管理值之间的关系。支持事务处理，但仅限于单个分区。位于不同分区的两个相关值不能原子更新，但可以实现最终一致性。

总之，NoSQL 解决方案是可行的，并且在某些方面比使用带联邦功能的 SQL 数据库更简单，但在其他方面则更加复杂。

 在选择服务时，成本也是一个需要考虑的因素。可以使用 Windows Azure 定价计算器来模拟各项服务的成本。

相关章节

- 水平扩展计算模式（第 2 章）。

- 自动扩展模式（第 4 章）。

- 最终一致性入门（第 5 章）。

- MapReduce 模式（第 6 章）。

7.5 总结

在使用数据库分片模式时，工作负载可以分散到多个数据库节点，而不再集中于一个节点。这种方法有助于突破传统单节点数据库在数据规模、查询性能和事务吞吐量上的限制。随着一些云数据库服务开始提供对托管分片的支持，分片数据库的经济性就变得非常有利。

然而，数据模型必须具备支持分片的能力，这对于一些在设计时未考虑分片的应用来说可能是一个障碍。此外，跨分片操作的复杂度也会相应增加。

第 8 章

多租户与商品化硬件入门

本章介绍了多租户和通用硬件的概念，并解释了云平台使用它们的原因。

云平台的设计目标之一是实现成本效益最大化。这一目标的实现依赖于在高性价比硬件上运行高利用率的服务来实现，通常表现为部署在通用硬件上的多租户服务。

云平台的架构决策会直接影响到其上所运行的应用程序的设计。对于云原生应用程序来说，这种影响主要体现在水平伸缩和故障处理方面的需求上。

8.1 多租户

多租户（Multitenancy）是指多个租户共享同一个系统。通常，该系统是由一家公司（主机方）运营的软件应用程序，供其他公司（租户）使用。每个租户公司都有访问该软件的员工。尽管多个租户共享同一个系统，但由于每个租户只能看到自己公司的数据，因此会有一种"该软件仅供他们公司使用"的错觉。

 在单租户模式下，如果一个应用程序需要数据库资源，就会为其提供一个独立的数据库实例。这种方式简化了单个应用程序的容量管理，但效率较低，因为许多数据库服务器（以及其他类型的服务器）在大部分时间的利用率较低，导致资源浪费。

在云环境中，多租户服务是标准配置，涵盖了数据服务、DNS 服务、虚拟机硬件、负载均衡器、身份管理等。云数据中心的设计目标是实现硬件的高效利用，从而降低运营成本。

多租户：不仅适用于云平台服务

云平台已经普遍采用了多租户服务，那么你的应用程序为何不考虑这样做呢？软件即服务（SaaS）是一种交付模型，其中软件应用程序作为托管服务提供，客户只需租用访问权限即可。你可能希望在云上将你的 SaaS 应用程序构建为多租户模式，利用共享实例来增加成本效益。可以整体采用多租户模式以实现最大限度的成本节约。也可以在某些领域采用多租户，而在其他领域保持单租户模式。例如，可以选择计算节点为多租户，而数据库实例保持单租户。

此外，某些 SaaS 应用程序还可以（可能是匿名地）从多个客户的数据中提取有价值的业务洞察和分析。

当然，多租户服务也存在一些弊端。其架构需要确保租户隔离（tenant isolation），只允许客户访问自己的数据和报告，而不能访问其他客户的数据。

然而，多租户服务通常会引发两个常见的担忧：安全性和性能管理。

8.1.1 安全性

在多租户服务中，每个租户都被置于一个安全沙箱中，以限制其了解其他租户的任何信息，甚至无法察觉其他租户的存在。不同服务通过不同的方式来实现这一点。例如，虚拟机的安全由虚拟机管理程序（hypervisor）负责管理，关系型数据库依靠健全的用户管理功能，而云存储则通过加密安全密钥进行访问控制。

与住在公寓楼的租户不同，你不会遇到"邻居"，也不需要记住他们的名字。如果租户隔离成功，你的操作体验将如同自己是系统中唯一的租户一般，完全不受其他租户的影响。

8.1.2 性能管理

多租户环境中的应用程序之间会争夺系统资源。云平台负责公平地管理租户之间对资源的竞争需求，其目标是在所有服务实例中实现高硬件利用率的同时不影响各租户的性能和行为。常用的一种策略是为单个租户设置配额，以防止其占用过多的共享资源。另一种策略是将资源需求较高的租户与资源需求较低的租户部署在一起。当然，资源需求具有动态性和不可预测性。因此云平台会持续监控，并对服务实例采用重新组织（在不同节点之间迁移租户）和水平伸缩来优化资源利用，而这所有的操作都是透明进行的。详见第4章"自动缩放模式"。

这种自动化性能管理在传统的非云环境中并不常见，但对于构建云原生应用至关重要，因为它直接影响应用程序的设计和表现。

8.1.3 多租户对应用程序逻辑的影响

尽管云平台在监控活跃租户和持续平衡资源方面表现出色，但在某些情况下，突发活动可能会让服务实例暂时过载。这种情况通常出现在多个应用程序突然同时进入繁忙状态时。那么会发生什么？云平台会主动调整租户的分配，以确保资源的合理利用。然而，在此期间（通常是几秒到几分钟），访问这些资源的请求可能会遇到短暂性故障，表现为忙音信号。有关如何应对短暂性故障或忙音信号的详细信息，请参阅第9章"忙音模式"。

 由于多租户服务会变得非常繁忙，所以服务调用时会偶尔遇到返回忙音信号的情况。这就需要做好应对这种情况的准备，并在应用程序中实现相应的处理逻辑。

8.2 通用硬件

云平台使用通用硬件来构建。与低端硬件或高端硬件相比，通用硬件处于中间位置，是"性价比最高"的硬件。高端硬件虽然性能更强，但成本也更高。通常情况下，内存和CPU核心数量翻倍会导致总成本的增长超过两倍。云数据中心采用通用硬件的主要驱动力是成本效益。

数据中心是竞争的关键

传统数据中心的建设并非完全不考虑成本，但相比云平台，传统数据中心往往使用异构的高端硬件，其优化重点也有所不同。传统数据中心的目标是为已有的应用程序提供运行环境，主要针对单一应用程序的垂直伸缩进行优化，而不是像云平台那样追求跨所有应用程序的整体优化。

大型云平台供应商正在努力实现这个宏大的优化目标。虽然 Windows Azure、Amazon Web Services 等云平台支持运行在 Windows Server 或 Linux 上的虚拟机租赁，以兼容传统软件，但最佳运行效率依然属于云原生应用程序。随着云平台供应商持续优化数据中心并将节约的成本转嫁给客户，越来越多的客户将会被这一模式所吸引。

尤其是微软，凭借其规模经济，在云计算领域拥有其他公司难以匹敌的优势。这不仅因为微软本身是一家大型科技公司，更因为其拥有广泛的产品线和成熟的平台。通过系统化地将其内部应用程序和现有产品迁移至 Windows Azure，并不断推出新的云服务，微软有效地践行了所谓的"自家狗粮自家吃（dogfooding）"。通过这一举动，微软内部产品团队像普通客户一样使用 Windows Azure 平台，识别功能缺口或其他问题，然后直接与 Windows Azure 团队合作开发新功能，从而能更快地打造出一个趋于成熟的平台。

如今，云平台供应商之间的竞争，主要体现在谁能更高效地开发和提供高级功能，以便提供有竞争力的价格。虽然我无法预测最终哪家云平台供应商能够制霸全球（我也不认为 Windows Azure 和 Amazon Web Services 两大巨头非得斗个鱼死网破），但这场竞争的最大赢家无疑是我们这些客户。

这是一个经济决策，旨在优化云平台的成本。但对应用程序来说，主要的挑战在于通用硬件的故障率高于高端硬件。

8.2.1 侧重点从 MTBF 转向 MTTR

在传统应用开发中，核心理念是最大化平均故障间隔时间（MTBF），也就是说，我们努力确保硬件尽可能不发生故障。为此，我们采用高端硬件、冗余组件（如 RAID 磁盘阵列和多电源）以及备用服务器（例如，对于关键系统，仅当主服务器故障时才启用的次级服务器）。如果硬件出现故障，通常会导致应用程序宕机，直到人工介入解决问题。在这种情况下，构建能够自动应对硬件故障的软件成本高昂且复杂，因此我们主要通过硬件手段来解决这个问题。

在云原生的世界中，核心理念发生了转变，强调的是最小化平均恢复时间（MTTR），也就是说，我们努力确保硬件故障发生时，仅应用程序的部分内容受到影响，而应用程序本身是可以持续运行的。这种理念与本书中介绍的云原生架构模式以及主流云平台所提供的服务高度一致，不仅可行，而且由于降低了复杂性并带来了新的经济效益，因此颇具吸引力。

硬件故障不可避免，但并非频繁发生

讨论通用硬件的故障恢复时，可能会产生一些误解。通用硬件的故障率虽然高于高端硬件，但这并不意味着硬件经常出现故障。事实上，每年数据中心中仅有极少数通用服务器会遭遇硬件故障。然而，硬件故障迟早会发生。所以，做好准备是必要的。

在云平台中，大部分 MTTR 相关任务可以通过自动化手段来完成，但同时也对应用程序本身提出了一定要求，形成了一个共同处理故障的合作伙伴关系。

8.2.2 通用硬件对应用程序逻辑的影响

云原生应用程序认为故障会发生，并能检测到常见的故障场景，从而自动进行恢复。这些故障场景的出现，部分原因是应用程序所依赖的通用硬件。

通用硬件偶尔会发生故障。请做好应对计算节点故障的准备并制订处理预案。

故障可能单纯的是由于某个特定物理服务器的问题而造成的，例如内存损坏、磁盘驱动器崩溃，或者主板上洒了咖啡。此外，其他情况则源于软件故障。关于应对单节点级别故障的更多信息，请参阅第 10 章"节点故障模式"。

上述故障场景是可以直观感受到的：应用程序代码运行在通用硬件上，一旦硬件发生故障，应用程序就会受到影响。而应用程序所依赖的云服务（如数据库、持久化文件存储、消息队列等）也同样运行在通用硬件上。当这些服务因硬件故障导致中断时，应用程序也可能会受到影响。在大部分情况下，云平台服务会自动恢复，并且不会出现明显的性能下降。但有时，服务容量可能会暂时下降，这就需要调用该服务的应用程序来负责处理短暂性故障。有关如何应对调用云服务时遇到的故障的更多信息，请参阅第 3 章。

8.2.3　同质化硬件

云数据中心也致力于使用同质化硬件，以便简化资源的管理和维护。通过廉价且易于获得的通用硬件，可以实现大规模的同质化硬件采购。

只要可以预测虚拟机中分配的容量，硬件的同质化水平通常不会直接影响应用程序。

现实世界中同质化硬件的优势

西南航空公司（Southwest Airlines）是世界上盈利最稳定的航空公司之一，这在一定程度上得益于其对同质化通用硬件的坚持，他们的整个机队只使用波音 737 型客机。这种策略显著降低了复杂性，包括机械师和飞行员的技能培训要求、零部件库存管理的精简，甚至可能简化了航空公司运行的软件系统，因为不同航班之间的差异更少。

8.3 总结

云平台供应商围绕成本效益做出的选择会直接影响应用程序的架构设计。处理故障是区分云原生应用程序与传统应用程序的重要特征之一。与其试图完全屏蔽故障，不如将故障处理视为云平台与应用程序之间的共同责任。

第 9 章

忙音模式

本模式聚焦于当云服务对请求返回忙音信号而非成功响应时，应用程序应如何做出反应。

该模式是从客户端的视角出发而非服务端。客户端向服务发出请求，而服务返回忙音信号。客户端需正确解释这一忙音信号，并根据设定的重试次数进行适当的重试操作。如果重试过程中仍持续收到忙音信号，则客户端将该服务视为不可用。

就如同拨打电话时偶尔也会遇到忙音信号一样。通常我们的反应是稍等片刻后就重拨一次，而这往往就能成功接通。

类似地，调用服务时偶尔会收到一个失败代码，表示云服务当前暂时无法响应请求。通常的应对方式是重新调用一次，这通常能够使服务调用成功。

云服务无法满足请求的主要原因是过于繁忙。有时候服务"过于繁忙"的状态只持续几百毫秒或一两秒。合理的重试策略可以在不影响用户体验或进一步加剧服务繁忙的情况下有效应对忙音信号。

不能处理忙音信号的应用程序是不可靠的。

9.1 背景知识

忙音模式在应对以下挑战时非常有效：

- 应用程序调用云平台服务时，服务无法保证每次都能成功响应。

本模式适用于访问各种类型的云平台服务，例如管理服务、数据服务等。

宽泛地说，该模式适用于通过网络访问服务或资源的应用程序，无论这些服务是否在云端。在所有这些场景中都应预判会出现周期性的短暂性故障。一个常见的非云环境的例子：当浏览器未能完全加载某个网站时，简单的刷新或重试通常可以解决问题。

云平台中的模式支持

正如第 8 章"多租户和通用硬件入门"中所解释的那样，使用云服务的应用程序会遇到周期性的短暂性故障，从而导致服务返回忙音信号。如果应用程序未能正确处理这些忙音信号，用户体验将受到影响，并可能出现难以诊断或重现的错误。能够提前预判并处理忙音信号的应用程序可以作出适当的响应，从而降低失败对用户和系统的影响。

尽管该模式在本地部署环境中也能发挥作用，但由于此类故障在本地环境中远不如云环境频繁，因此以往对这一模式没有过多的关注。而在云环境中，处理忙音信号是构建可靠应用程序的关键之一。

9.2 影响

可用性、扩展性、用户体验

9.3 机制

应用程序（在这种关系中是客户端）在访问云服务时，可能会遇到正常的短暂性故障。为了检测和处理这些故障，可以采用忙音模式。短暂性故障（transient failure）是一种并非由客户端引起的短时间故障。事实上，如果客户端在数毫秒后重新发起相同的请求，通常会成功。

短暂性故障是一种预期会发生的事件，而非异常情况，就像打电话会偶尔遇到忙音信号一样。

忙音信号是正常现象

当拨打一个呼叫中心的电话时，该中心有数百名接线员随时待命。大多数情况下，电话都能顺利接通，但并非每次都如此。有时会遇到忙音信号。此时，我们不会怀疑是出现了什么问题，而是会按下电话的重拨键，通常很快就能接通。这种情况就是短暂性故障，并且合理的响应方式是：重试。

然而，如果连续多次听到忙音信号，这可能意味着暂时停止拨打是更好的选择，或许可以稍后再尝试。此外，只有在听到真正的忙音信号时才会重试。如果拨打了错误的号码或一个已停用的号码，显然不会继续重试。

虽然网络连接问题有时会引发短暂性故障，但本模式主要关注的是发生在服务侧的短暂性故障，也就是请求已到达云服务但未能立即得到服务响应的情况。此模式适用于所有可以通过编程方式访问的云服务，例如关系型数据库、NoSQL 数据库、存储服务以及管理服务。

9.3.1 短暂性故障会产生忙音信号

请求云服务失败的原因有很多种：账户访问过于频繁、所有租户的活动量突然激增，或者云服务的硬件出现故障。无论是哪种情况，服务都会主动管理资源访问，试图在所有租户之间平衡用户体验，并在面对活动峰值、工作负载变化或内部硬件故障时动态调整自身配置。

请查阅云服务供应商所提供的官方文档以了解其服务都有哪些限制。常见的限制包括每秒允许的最大服务操作数、每秒允许的数据传输量，以及单次操作中允许的数据传输量。

对于每秒操作数和每秒数据传输量，即使所有单个操作都没有超过限制，但多个操作的累计请求也可能会超过限制。而对于单次操作中的数据传输量则不同，如果超过此限制，通常是由于操作本身无效。这种无效操作不同于短暂性故障，它始终都是会被拒绝的，因此本模式不涵盖此类情况。

处理忙音信号不等于解决扩展性问题

对于云服务而言，服务限制通常不会成为问题，除非是对非常繁忙的应用程序。例如，Windows Azure 存储队列每个队列每秒最多可处理 500 次操作。如果应用程序需要持续超过每秒 500 次操作的吞吐量，这就不再属于短暂性故障，而是扩展性问题。解决扩展性问题的技术，请参考第 2 章 "水平伸缩计算模式" 和第 4 章 "自动伸缩模式"。

云服务的限制可能由单个客户端或多个客户端的集体行为触发。一旦超过最大允许吞吐量，服务会检测到异常并触发限流。限流（Throttling）是一种自我保护机制，旨在限制或减缓资源使用。有时是延迟响应，有时是拒绝部分或全部请求。在这种情况下，应用程序需自行重试被拒绝的请求。

即使单个客户端的使用未超限，但多个客户端的集体行为也可能触发限流。在这种情况下，服务仍会对一个或多个客户端实施限流。这种情况被称为"邻居噪音问题"（Noisy Neighbor Problem），即恰巧与其他租户共用同一个服务实例（或虚拟机），而该租户的活动突然激增。即使技术上没有任何问题，也会受到限流的影响。服务负载过高时必须限制某些客户端的访问，而有时你将不幸成为被限流的对象。

云服务具有动态性。由"邻居噪音"引发的使用峰值可能在毫秒内得到解决。而由多个活跃客户端的集体行为导致的持续拥堵，则需要云平台的高级资源监控和管理功能来解决。云平台的资源监控机制能够检测此类问题并采取相应措施，例如将部分负载分散到其他服务器。

此外，云服务也可能出现内部故障，例如磁盘驱动器故障。在这种情况下，服务会自动修复，通过切换到健康的磁盘驱动器、将流量重定向到健康节点，并重新复制故障磁盘上的数据（通常服务会保留三份副本以应对此类情况）。但这些修复措施可能无法瞬间完成。在恢复期间，服务的可用容量将减少，因此服务请求更可能被拒绝或超时。

9.3.2 识别忙音信号

对于通过 HTTP 访问的云服务，短暂性故障通常表现为服务拒绝请求，并返回相应的 HTTP 状态码，例如 *503 Service Unavailable*。对于通过 TCP 访问的关系型数据库服务，这类故障可能表现为数据库连接被关闭。其他短暂的服务中断可能会产生不同的错误代码，但处理方式通常是类似的。请参阅云服务的官方文档以获取相应指导。该文档通常会说明如何识别短暂性故障，并提供最佳的响应策略。与此同时，请处理并记录所有非正常的状态码。

 务必清楚地区分忙音信号与错误信号。例如，如果代码在尝试访问资源时，收到的响应表明访问失败是因为资源不存在或调用方权限不足，那么重试将毫无帮助，因此不应尝试重试。

9.3.3 忙音信号的应对措施

当检测到忙音信号时，基本的应对方式是简单地重试。对于 HTTP 服务，需要重新发出请求；对于通过 TCP 访问的数据库，需要重新建立数据库连接，然后再次执行查询。

如果服务再次失败，应用程序应该如何响应？这取决于具体情况，可以考虑以下几种应对策略：

- 立即重试（无延迟）。

- 延迟后重试（固定或随机延迟）。

- 逐步增加延迟后重试（线性或指数退避），同时设置最大延迟时间。

- 在应用程序中抛出异常。

访问云服务涉及跨越网络，这本身就引入了一定的延迟（通过公共互联网访问时延迟较长，在数据中心内部访问时较短）。如果故障很少发生，并且所访问服务的文档未建议其他处理方法，则可以采用立即重试（retry immediately）的方式。

当服务对请求进行限流时，短时间内会拒绝多个客户端请求。如果所有客户端同时快速重试，服务会再次拒绝其中的大部分请求。可以采用延迟后重试的策略，为服务留出一些时间清理队列或重新平衡。如果延迟时间是随机的（例如 50 到 250 毫秒之间），那么不同客户端的重试请求将更分散，提高所有请求成功的可能性。

最保守的重试策略是逐步增加延迟的重试（retry with increasing delays）。如果服务遇到暂时性问题，不要通过频繁的重试请求使问题加剧，而是随着时间的推移逐渐减少重试的频率。重试会在一定延迟后进行，如果需要继续重试，则会在后续每次重试前都增加延迟的时间。延迟时间可以按照固定时间间隔增加（线性退避），也可以每次都翻倍（指数退避）。

 云平台供应商通常会提供客户端代码库，使开发者能够使用其首选的编程语言更轻松地访问平台服务。一些客户端代码库可能已经内置了重试逻辑，请避免重复造轮子。

无论采用何种重试策略，都应限制重试次数，并对延迟时间设置上限。过于激进的重试会降低性能，并使已经接近容量限制的系统负担过重。记录重试情况对于分析过度重试的区域非常有用。

在经过一定次数的合理延迟、退避和重试后，如果服务仍然没有响应，那么就该放弃了。这么做既有助于服务恢复，也能防止应用程序陷入死锁。通常，应用程序代码无法完成任务（例如存储数据）时，会抛出异常。应用程序中的其他代码会以适当的方式处理这些异常。这种处理逻辑是每个云原生应用程序都需要编写的。

9.3.4 对用户体验的影响

处理短暂性故障有时会影响用户体验。具体的处理方式因应用程序而异，但可以遵循一些通用的指导原则。

选择重试策略和最大重试次数时，需要考虑不同的用户场景。如果是批处理操作，应采用指数回退并设置较高的重试上限。这样可以为服务从活动高峰中恢复留出时间，同时利用批处理操作不涉及交互的优势。

对于用户交互场景，建议在短时间内尝试多次重试，然后再通知用户"系统当前繁忙，请稍后重试"。社交网络服务 Twitter 就是这样处理的。如果存在耗时的后台操作，可以考虑采用第 3 章"基于队列的工作流模式"的内容来将这些操作与用户界面解耦。

如果服务在合理的时间或重试次数内没能成功，应用程序应采取相应措施。虽然令人沮丧，但有时将信息反馈给用户是合理的做法，例如，"服务器繁忙，您的更新将在 10 秒后重试。"（类似于 Google Mail 和 Quora 在其 Web 用户界面中处理临时网络连接问题的方式）。

> 需要注意的是，服务器端代码在重试操作时可能会占用资源，即使这样做是为了改善用户体验。如果一个繁忙的 Web 应用程序有大量用户请求，并且每个请求在重试期间都占用资源，那么这可能会导致其他的资源限制，从而降低系统的扩展性。

9.3.5 记录和减少忙音信号

记录忙碌信号有助于了解故障模式。在云环境中，由于调试和管理分布式云应用程序存在固有的挑战，因此可靠地跟踪和处理短暂性故障显得尤为重要。

对忙音信号日志进行分析有助于系统进行调整，从而减少日后的忙音信号。例如，经过分析可能会发现在访问云数据库服务时忙音信号的发生频率较高。请记住，云服务提供的是"无限资源的假象"，意味着每个资源都不具有无限的容量。若要获得更多容量，需要扩展实例数量。当单个数据库实例无法满足需求时，就可能需要采用第 7 章"数据库分片模式"中介绍的方式。

9.3.6 测试

云应用程序通常会在非云环境中进行测试。在开发或测试环境中运行的代码，尤其是在负载低于生产环境或使用专用硬件的情况下，可能不会遇到云环境中常见的短暂性故障。因此，测试务必要在尽可能接近生产的环境中进行，包括负载测试。

越来越多的公司开始直接在生产环境中进行测试，因为这是最接近实际情况的环境。例如，选择在非高峰时段对生产环境进行负载测试。Netflix 更为激进，他们通过一个名为 Chaos Monkey 的自研工具持续对生产（云）环境进行压力测试。为确保能够应对各种类型的中断，Chaos Monkey 会不断随机关闭服务并重启服务器，从而验证系统在实际环境中的故障处理能力。

9.4 示例：在 Windows Azure 上构建 PoP 应用程序

照片页面（PoP）应用程序（在前言中已有描述）使用了大量 Windows Azure 云服务。其中包括用于存储账户信息的 Windows Azure SQL 数据库和用于存储照片的 Windows Azure 存储 Blob。由于这些都是云服务，PoP 代码在编写时就已考虑了如何应对短暂性故障。

Windows Azure 平台提供了多种编程环境的软件库，支持 C#、Java、Node.

js、Python，以及移动设备等。这些库可以自动检测短暂性故障并最多重试三次，大大简化了对 Blob 存储的访问。此外，还提供了多种预定义的重试策略，开发者也可以创建自定义的重试策略。对于大多数应用程序来说，使用默认重试行为即可满足需求。

真实场景中的忙音信号

实际运行中重试请求的频率是多少？以下是一些真实数据，来自一个在网络连接中持续满负荷运行的上传工具的统计。该工具通过公共互联网向 Windows Azure Blob 存储上传数据，持续时间长达数天，并使用自定义重试策略实现指数退避，同时记录每次重试的尝试次数。在近百万个文件（平均每个文件 4MB）的上传过程中，大约有 1.8% 的文件至少发生了一次重试。由于每个文件上传涉及许多存储操作，因此单个存储操作的重试频率远低于 0.1%。不过，由于日志记录是以文件上传级别进行的，因此未能提供更精确的统计数据。此外，许多因素可能会影响重试行为，例如本地网络资源竞争和通过公共互联网的网络连接情况，因此实际结果可能会有所不同。

对于 Windows Azure SQL Database 的访问，应用程序使用与 SQL Server 相同的 TCP 协议。然而，处理 SQL Database 的短暂性故障时，需要采用更强大的检测和重试逻辑。为此，Azure 提供了一个名为 Transient Fault Handling Application Block 的库（简称 Topaz）。与之前提到的 Blob 存储库中的重试支持类似，Topaz 提供了一些预定义的重试行为，同时还支持丰富的自定义模型。使用 Topaz 的最简单方法是将标准数据库对象替换为 Topaz 提供的支持短暂性故障检测的等效对象。例如，可以将 ReliableSqlConnection 对象替换为 .NET 中的 SqlConnection 对象。

某些 SQL 数据库的短暂性故障是由于限流引起的，系统会通过返回已知错误代码来告知此情况。有时，SQL 数据库也可能会断开数据库连接，此时就需要重新连接。

预判数据库连接可能会中断

为什么 SQL 数据库会断开连接？当建立连接时，SQL 数据库在后台实际上并非单一实例，而是由三个协作服务器组成的集群。这种设计带来了许多好处。其中一个好处是增强了磁盘故障的恢复能力，因为每次向 SQL 数据库写入的数据都会同时写入集群中的三个服务器，从而提供数据冗余和可靠性。另一个好处是，作为多租户服务，SQL 数据库可以在初次分配后重新分配负载，以保持服务器间的负载平衡。然而，这些优势也带来了一定的成本。当 SQL 数据库决定将连接移动到集群中的另一个服务器时，需要先断开现有连接。当重新连接时，就可以连接到新的集群节点。虽然从应用程序的角度来看，无法察觉到这些变化，但这种机制确保了服务的高可用性和稳定性。

虽然这里介绍的是将 Topaz 与 SQL Database 一起使用，但 Topaz 还支持其他 Azure 服务，包括 Windows Azure 存储、Windows Azure 缓存和 Windows Azure 服务总线，并提供高级重试选项以满足不同需求。

相关章节

- 基于队列的工作流模式（第 3 章）。

- 多租户与商品化硬件入门（第 8 章）。

- 节点故障模式（第 10 章）。

9.5 总结

处理短暂性故障对于构建可靠的云原生应用至关重要。通过使用忙音模式，应用程序可以有效地检测和处理短暂性故障。此外，处理方式可以针对批处理场景或交互式用户场景进行调整优化。

如果在非云环境的硬件上运行应用程序，或者在负载过轻的情况下进行测试，可能难以验证应用对短暂性故障条件的响应效果。

节点故障模式

本模式重点关注当应用程序所在的计算节点关闭或发生故障时，应用程序应如何应对。

该模式从应用程序代码的角度出发，描述了当运行应用程序的节点（虚拟机）因软件或硬件问题而关闭或突然故障时的应对策略。应用程序需要承担三项责任：在节点故障时最大限度地减少问题、平滑地处理节点关闭，以及在节点发生故障后进行恢复。

节点关闭的常见原因包括应用程序故障导致的无响应、云服务提供商执行的例行维护活动，以及应用程序发起的自动伸缩操作。故障可能由硬件故障或应用程序代码中的未处理异常引发。

尽管节点关闭或故障的原因多种多样，我们仍然可以以统一的方式对其进行处理。只要能够处理多种形式的故障，就能涵盖所有的关闭场景。因此，该模式的名称来源于更广义的"节点故障"概念。

 未能妥善处理节点关闭和故障的应用程序是不可靠的。

10.1 背景知识

节点故障模式可以有效应对以下挑战：

- 应用程序使用了基于队列的工作流模式，并且需要对跨层传递的消息至少处理一次。

- 应用程序使用了自动伸缩模式，并且在释放计算节点时需要平滑关闭这些节点。

- 应用程序需要平滑地处理突发的硬件故障。

- 应用程序需要平滑地处理意外的软件故障。

- 应用程序需要平滑地处理由云平台发起的重启操作。

- 应用程序需要具备足够的弹性，能够在意外损失计算节点时继续运行而不发生停机。

所有这些挑战都会导致应用程序运行的中断。这些中断需要被妥善应对，并且许多问题可以通过同一个解决方案来解决。

云平台中的模式支持

云原生应用程序会预期这些故障的发生，并在接收到云平台的关闭通知时，做出适当的响应。可以通过同一个解决方案来同时处理不同的问题。

10.2 影响

可用性、用户体验。

10.3 机制

该模式的目标是确保当单个节点发生故障时整个应用程序依然可用。需要考虑的故障场景有很多种，但不论是哪种场景在应对故障时都具有共同的特点，即为故障做好准备、在可能的情况下处理节点关闭，以及故障后的恢复。

10.3.1　故障场景

当应用程序代码在虚拟机上运行时（尤其是在通用硬件和公共云平台上），可能会遇到多种关闭或故障场景。从应用程序的角度来看，尽管存在其他潜在的场景，但这些场景基本上都与表 10-1 中列出的情形类似。

表 10-1：节点故障场景

场景	触发原因	提前通知	影响
突发故障 + 重启	硬件突发故障	无	本地数据丢失
节点关闭 + 重启	云平台（更换故障硬件、软件更新）	有	本地数据可能可用
节点关闭 + 重启	应用程序（应用程序更新、应用程序缺陷、受管重启）	有	本地数据可用
节点关闭 + 终止	应用程序（如通过自动伸缩释放节点）	有	本地数据丢失

 表 10-1 适用于 Windows Azure 和 Amazon Web Services，但对于其他平台并不一定适用。不过，这种模式在云平台之间具有普遍适用性。

每种故障场景都有不同的触发条件，其中有些场景提供了提前通知，而有些则没有。提前通知可以通过多种形式发送，本质上是云平台发送的一个主动信号，使得节点可以平滑关闭。在某些情况下，写入本地虚拟机磁盘的本地数据在中断后依然可用，而在其他情况下数据可能会丢失。那么，我们该如何应对这种情况呢？

场景的触发因素可能是由硬件故障、软件故障、云平台或应用程序自身引发的。

10.3.2　将所有中断都视为节点故障

从单个节点的角度来看，所有故障场景都是不可预测的。此外，应用程序代码无法识别当前处于何种故障场景，但如果将所有场景都视为故障，应用程序就可以平滑地处理这些情况。

应用程序的所有计算节点都应做好随时发生故障的准备。

鉴于故障可能随时发生，不应将计算节点的本地磁盘作为应用程序业务数据的主要存储系统。正如表10-1中所提到的，本地数据可能会被丢失。请记住，使用无状态节点的应用程序并不等同于无状态应用程序。应用程序的状态应该持久化到可靠的存储系统中，而不是存储在单个节点的本地磁盘上。

将所有关闭和故障场景一视同仁，就可以得出一个明确的处理方案：保持计算能力，妥善关闭节点，尽可能避免影响用户体验，并在事后恢复未完成的工作。

10.3.3 通过N+1规则保持足够的故障容量

应用程序首先要考虑到节点故障是不可避免的，然后采取积极主动的措施确保故障不会导致应用程序停机。其中最主要的措施是确保足够的容量。

为了实现高可用性，需要部署多少个节点实例呢？答案是使用N+1规则（N+1 rule）：如果用户需求需要N个节点来支持，则部署N+1个节点。这样即使有一个节点发生故障或中断，应用程序仍然不会受到影响。对于直接服务于用户的节点，避免单点故障尤为重要。如果某个场景只需要一个节点，那么至少要部署两个节点。

N+1规则应当根据每种节点类型的实际情况单独评估和使用。例如，有些类型的节点即使出现停机，也不会被用户察觉或不会影响用户体验，这类节点可以不使用N+1规则。

对于一些特殊情况故障，就需要留有比单节点情况更大的缓冲区，尽管这种情况罕见。例如，极端天气可能会导致整个数据中心不可用。还有示例中所讨论的机架顶部交换机故障，以及第15章"多站点部署模式"中介绍的跨数据中心故障转移。

云平台的监控系统从故障发生到识别故障之间存在时间延迟。在新节点完全部署之前，你的服务将以降低的容量运行。对于通过云平台负载均衡器配置的节点，流量会继续路由到该节点直到故障节点被识别，此时故障节点会立即从负载平衡器中移除。但启动新节点并将其添加到负载均衡器中还需要一些时间。有关在容量不足期间从次要功能中借用已部的署资源为重要功能提供服务的讨论，请参阅第 4 章"自动伸缩模式"。

10.3.4 处理节点关闭

我们可以有条不紊地处理节点关闭，但对于突发的节点故障，却无法采用同样的处理方式，因为节点会瞬间停止工作。并非所有硬件故障都会导致节点立即失效，因为云平台可以通过检测硬件故障的预警信号，并且可以预先发起受控关闭，将租户迁移到其他硬件上，以避免节点故障的发生。

一些节点故障是可以预防的。你的应用程序代码是否正确地处理了异常？至少，应该确保异常被记录下来，便于后续分析。

无论节点关闭的原因是什么，处理节点关闭的核心目标是让正在进行的工作得以完成，在关闭完成之前从该节点收集运维数据，并且避免对用户体验造成负面影响。

云平台会发送信号，通知正在运行的应用程序节点即将关闭或正在关闭的过程中。例如：Amazon Web Services 提供了一种提前通知的信号。Windows Azure 提供了一种在节点内部触发事件的信号，表明关闭过程已经开始。

将节点关闭对用户体验的影响降至最低

云平台在管理负载均衡和服务关闭时，不会将网络流量发送到正在关闭的节点。由于新的网络请求将会被路由到其他可用的实例，因此这种做法可以有效防止大多数用户体验问题。只有那些在服务关闭前未完成的待处理请求可能会出现问题。一些应用程序不会受到影响，因为它们能几乎够即时响应所有请求。

如果应用程序使用了黏滞会话，那么新的请求不一定会被路由到其他实例。关于这个问题，我们已经在第 2 章"水平伸缩计算模式"中进行了讨论。不过，云原生应用程序通常会避免使用黏滞会话。

当某个节点在处理用户可见的任务时开始关闭，会导致用户请求中断或报错。请求需要被处理的时间越长，这种情况就越容易发生。我们的目标是避免用户在节点关闭时看到服务器错误，尤其是当他们的请求在关闭过程中仍未完成的时候。应用程序应该等待这些请求完成后再关闭节点。如何最好地处理这些情况取决于应用程序、操作系统和云平台的具体实现。本书的"示例"部分提供了一个运行在 Windows Azure 上的 Windows 云服务的具体案例。

对于导致节点突然终止的故障，如果该节点正在处理用户请求，则可能会引发用户体验问题。为减少这种情况所带来的影响，一种有效的策略是将用户界面代码逻辑设计成在出现故障时能够自动重试请求。具体做法可参考第 9 章"忙音模式"。需要注意的是，这里的忙音信号并非来自云平台服务，而是来自应用程序内部服务的响应信号。

避免节点关闭时丢失未完成的工作

一旦节点开始关闭，它应立即停止从队列中拉取新任务，并尽可能完成当前正在处理的任务。

第 3 章"基于队列的工作流模式"中提到，有时处理服务可能会花费很长时间。如果处理时间过长，以至于在节点关闭之前无法完成，那么该节点可以选择将未完成的工作保存到本地节点之外（例如云存储），以便后续继续处理。

避免节点关闭时丢失运维数据

Web 服务器日志和自定义应用程序日志通常会被写入各个节点的本地磁盘。这是一种合理的做法，因为它能有效利用本地资源来捕获日志数据。

如第 2 章"水平伸缩计算模式"中所述，管理大量节点的一部分工作是整合运维数据，这通常是通过定期收集的方式实现的。如果收集过程没有意识到节点正在关闭，那么相关数据可能无法及时收集，从而导致数据丢失。因此，节点关闭事件就是一个触发运维数据收集的良机。

10.3.5 从节点故障中恢复

从节点故障中恢复涉及两个方面：在故障过程中保持良好的用户体验，以及恢复所有被中断的未完成工作。

保护交互用户免受故障影响

一些节点实例直接为交互用户服务。它们可以直接提供网页服务，或者为移动应用程序和 Web 应用程序提供 Web 服务。为了提供良好的用户体验，应用程序应尽量为用户屏蔽偶尔遇到的故障。这可以通过多种方式实现。

当服务器上的某个节点发生故障时，云平台会检测到故障并停止向该节点发送流量。一旦检测到故障，服务调用和网页请求将重新路由到健康的节点实例。这一过程无需额外配置（只需遵循 $N+1$ 规则），这种处理方式通常已经很有效了。

然而，要实现更高的健壮性，还需要考虑当处理网页请求或执行服务调用的过程中节点会发生故障的边界场景，这些边界场景也会暴露故障。例如，节点的磁盘驱动器突然发生故障。对于这种极端情况，最佳的应对措施是在客户端加入重试逻辑，基本上是使用第 9 章"忙音模式"所介绍的内容。对于原生移动应用程序或通过 Web 服务调用来管理更新的单页 Web 应用程序来说，实现重试逻辑比较简单（例如 Google Mail 就是一个能够很好处理此类场景的单页面 Web 应用）。对于每次都会重新加载整个页面的传统 Web 应用程序来说，用户可能会在浏览器中看到错误消息。这种情况是我们无法控制的，用户需要自己手动执行重试。

在后端系统中恢复未完成的工作

除了对用户体验的影响外，突然的节点故障还可能中断 Service 层的处理流程。对此，最可靠的应对方式是将处理流程设计为幂等，这样可以在使用相同输入的情况下多次安全地执行，从而避免重复操作带来的问题。成功恢复未完成的工作依赖于节点的无状态设计，以及将重要数据存储在可靠的存储系统中，而不是节点的本地磁盘上（前提是该磁盘没有依托可靠的存储后端）。对于云原生应用程序，一个常用的技术手段在第3章"基于队列的工作流模式"中有详细介绍。该模式详细介绍了如何重启中断的流程，以及保存未完成的工作以加快恢复过程。

10.4 示例：在 Windows Azure 上构建 PoP 应用程序

照片页面（PoP）应用程序（在前言中已有描述）在架构上做了精心设计，为的是能够提供始终可靠的用户体验，并确保数据不会丢失。为了在偶发的故障和中断中保持可靠性，PoP 采取了一些措施：提前为故障做好准备，平滑地处理角色实例（节点）的关闭，并在故障发生后适时恢复。

10.4.1 为 PoP 应用程序故障做好准备

PoP 应用程序通过不断扩展和缩减容量来节省成本，因为我们只希望为应用程序的实际需求付费，而不希望支付不必要的超额费用。同时，PoP 也不希望在偶发故障或中断时出现停机，或牺牲用户体验。

N+1 规则

对于直接服务用户的角色实例，PoP 应用程序遵循 N+1 规则，因为用户体验非常重要。然而，对于构成 service 层的辅助角色，由于偶发的中断不会直接影响用户，PoP 管理层基于业务决策，选择不对辅助角色使用 N+1 规则。

这些决策已纳入 PoP 的自动伸缩规则中。

Windows Azure 故障域

Windows Azure 通过一个被称为 Fabric Controller 的服务来确定应用程序每个角色实例在数据中心的部署位置。其中最重要的约束之一是故障域。故障域（Fault Domain）是数据中心内的潜在单点故障（SPoF）。任何角色实例的最少两份副本都分布在不同的故障域中，以减少因单点故障导致的影响。

细心的读者可能会意识到，在只有两个故障域的情况下，最多会有一半的 Web 角色实例或者辅助角色实例会同时失效。虽然这种情况可能发生，但概率很低。即使发生这种情况，Fabric Controller 也会立即开展修复工作。但在修复期间，应用程序只能以降低后的容量运行。

第 4 章"自动伸缩模式"中介绍了在资源不足或容量降低期间对内部某些功能进行限制的策略。该策略在这里也可以发挥作用。但要注意的是，当发生此类故障时我们不希望执行自动伸缩，而是选择让 Fabric Controller 来完成恢复工作。

通常硬件故障只会导致单个角色实例中断。而 N+1 规则能有效应对这种情况。

如前所述，PoP 的业务决策认为 N+1 的冗余策略已经够用了。

当 *N*+1 不足以应对时

如果故障的影响范围不只是单个硬件节点（例如，发生了机架级别的故障），*N*+1 是否能满足现状就取决于当前的业务需求了。如果这种（虽然罕见的）停机时间超出了您的业务可接受范围，则应考虑进一步增加容量。需要根据数据中心内故障域的数量来决定增加多少容量。目前，所有 Windows Azure 云服务都运行在两个故障域中（截至本书编写时，该数量无法更改）。对于关键时间段，可以预先安排自动伸缩任务以增加额外容量。此外，可以参考第 15 章"多站点部署模式"中的内容来实现跨数据中心的冗余部署。

需要注意的是，故障域仅适用于意外引起的硬件故障。对于操作系统更新、虚拟机管理程序更新或应用程序发起的升级，它们的停机时间则算在升级域中。

升级域

升级域的概念与故障域类似。Windows Azure 中也提供了升级域（upgrade domain），用于将角色实例逻辑分区为独立可更新的组（默认情况下为五个组）。这与"就地升级"（in-place upgrade）功能紧密相关，一次升级一个升级域，以增量方式升级应用程序。

如果应用程序包含 *N* 个升级域，那么 Fabric Controller 将按照 1/N 的比例管理升级过程。每次升级时，只有 1/N 的角色实例受到影响。当前更新完成后，便开始更新下一个 1/N 的角色实例。此过程会持续进行，直到应用程序全部更新完成。从一个升级域到下一个升级域的过程可以是自动的，也可以是手动的。

升级域对 Fabric Controller 来说非常有用，因为它会在操作系统升级（如果客户选择了自动更新）、虚拟机管理程序更新、紧急迁移角色实例等场景中使用升级域来减少停机影响。此外，当应用程序通过就地升级方式（即一次升级一个升级域）更新自身时，也会使用升级域。可以使用手动批准的方式从一个升级域移动到下一个升级域，也可以让 Fabric Controller 执行升级过程。

多版本并存

云原生应用程序通常会在单次部署中运行混合版本的角色实例。这种分阶段升级可以通过升级域和就地升级来管理。换句话说，应用程序升级并非在某个特定时间点完成，而是在一段时间内逐步完成。在此期间，应用程序可能同时运行两个版本。例如，两个用户同时访问应用程序时，可能会被路由到不同的版本。如果希望避免多版本并存的情况，可以考虑使用 Windows Azure 的 VIP Swap 功能，它可以在新旧版本之间快速切换。

对于应用程序来说需要多少升级域才合适呢？这需要权衡。升级域越多，部署时间越长；而升级域越少，受影响的容量越大。PoP 应用程序采用默认的五个升级域配置，就可以达到很好的效果。

10.4.2 处理 PoP 角色实例的关闭

平滑地关闭角色实例能够避免丢失运维数据，并防止用户体验下降。

当我们要求 Windows Azure 释放某个角色实例时，它不会立即关闭，而是会按照定义的关闭流程进行。第一步，Windows Azure 会选择一个即将被终止的角色实例。

 我们无法决定具体哪个角色实例会被终止。

首先，让我们来探讨 Web 角色实例的关闭流程。

关闭 Web 角色实例

一旦选定要终止的 Web 角色实例，Windows Azure（具体来说是 Fabric Controller）会先将该实例从负载均衡器中移除，以确保不再有新的请求被路由到该实例。随后，Fabric Controller 会向运行中的角色实例发出一系列信号，提示实例即将关闭。这些信号最后会调用角色实例的 OnStop 方法，该方法允许角色实例有 5 分钟的时间进行平滑关闭。如果实例在五分钟内完成了清理工作，就可以从 OnStop 方法返回；如果实例未能在五分钟内完成并从 OnStop 返回，那么它就会被强制终止。只有在 OnStop 方法完成后，Azure 才会认为该实例已被释放，从而停止对其计费。这就促使我们应尽可能快速地完成 OnStop 方法。我们也可以采取一些额外的步骤来让关闭过程更加平滑。

尽管关闭过程的第一步是将 Web 角色从负载均衡器中移除，但该实例可能仍在处理已有的 Web 请求。根据每个 Web 请求的处理时间，我们希望采取主动措施，确保这些请求在关闭完成前被处理完毕。例如，用户上传文件就是一个操作时间较长的例子。即便是一些常规操作，如果无法快速完成，也需要考虑进去。一个简单的方法是在 OnStop 方法中通过一个循环代码块来监控 IIS 性能计数器（如 Web Service\Current Connections），当该计数器值降至零时才继续关闭流程，从而确保 Web 角色的关闭过程是平滑的。

角色实例的应用程序诊断信息通常记录在当前虚拟机上，并通过诊断管理器按计划收集数据，例如每隔 10 分钟收集一次。无论收集计划如何安排，只要在 OnStop 方法中触发一次非计划的收集工作就可以确保安全完成日志收集，并在准备就绪后立即退出。可以使用服务管理功能来触发按需日志收集。

关闭辅助角色实例

辅助角色实例的关闭流程与 Web 角色类似，但也有一些不同之处。由于 Azure 不会对 PoP 的辅助角色实例进行负载均衡，因此不需要处理正在进行的 Web 请求。不过，触发按需日志收集仍然是合理的，而且我们通常也希望这样做。

虽然 PoP 辅助角色实例没有对外开放的端点，但 Windows Azure 提供了对这种功能的支持，因此在实例关闭开始时，应用程序可能存在活跃的连接。辅助角色可以定义对外开放的端点，并进行负载均衡。这在运行自建的 Web 服务器（如 Apache、Mongoose 或 Nginx）时非常有用，也适用于暴露自托管的 WCF 端点。此外，对外开放端点不仅限于 HTTP，还支持 TCP 和 UDP。

辅助角色实例在关闭时，应尽快停止从队列中拉取新任务进行处理。与 Web 角色一样，关闭信号（如 OnStop 方法）可以用于辅助角色实例。辅助角色可以设置一个指示该角色实例正在关闭的全局标志。拉取新任务的代码应检查该标志，如果实例正在关闭，则不再拉取新任务。辅助角色实例可以使用 OnStop 方法作为关闭信号，或使用生命周期中更早执行的方法，如 OnStopping 方法。

如果辅助角色实例正在处理来自 Azure Storage 队列的消息，但在实例终止前未完成处理，该消息将超时并被返回到队列，以便被其他实例重新拉取（详细信息请参见第 3 章的基于队列的工作流模式）。在任务处理分为多个步骤的情况下，可以通过更新队列中的消息内容来记录处理进度。例如，PoP 应用程序在处理新上传的照片时分为三个步骤：从照片中提取地理位置信息，生成两种尺寸的缩略图，更新 SQL 数据库中的相关引用。如果前两个步骤已经完成，但尚未完成第三步，则消息对象中的 LastCompletedStep 字段会被更新为 2，然后用该消息对象更新队列中的副本。当队列中的该消息再次被拉取时（由后续的角色实例处理），处理逻辑可以通过判断 LastCompletedStep 字段的值来跳过前两个步骤，直接从第三步继续处理。第一次拉取消息时，该字段的值初始为 0。

使用受控重启

如果需要重新启动角色实例。通过 Windows Azure 服务管理中的"重启角色实例"操作触发的重启可以支持受控关闭，以便等待正在进行的工作完成。

如果使用其他方式触发重启（例如通过 Windows 命令直接在节点上执行），Windows Azure 将无法管理该过程，所以也就无法实现平滑关闭。

10.4.3 从故障中恢复 PoP

第 3 章"基于队列的工作流模式"详细介绍了如何恢复那些需要长时间运行的流程。

除此之外，对于无状态的角色实例（无论是 Web 角色还是辅助角色），通常无需进行很多的恢复工作。

在 PoP 应用程序中，一些用户体验的瑕疵已经通过客户端的 JavaScript 代码得到了解决。该代码通过 AJAX 调用 REST 服务来获取数据，并实现了第 9 章的忙音模式。如果某个服务没有响应，这段代码将自动重试。重试的请求最终会被负载均衡到另一个能够满足请求的角色实例上，从而解决服务中断带来的问题。

相关章节

- 基于队列的工作流模式（第 3 章）。
- MapReduce 模式（第 6 章）。
- 多租户与商品化硬件入门（第 8 章）。
- 忙音模式（第 9 章）。
- 多站点部署模式（第 15 章）。

10.5 总结

虽然故障在云端是家常便饭，但云原生应用程序却很少出现停机的情况。使用节点故障模式可帮助应用程序做好准备，平滑处理并从偶发的计算节点中断或故障中恢复。许多故障场景可以通过相同的实现方案来应对。

没有考虑节点故障场景的云应用程序是不可靠的。届时不仅用户体验会受到影响，更有甚者可能丢失数据。

第 11 章

网络时延入门

本章解释了网络时延的概念，以及为什么网络时延引发的延迟问题至关重要。

网络时延（network latency）指的是数据在网络上传输所需的时间。网络时延会降低应用程序的性能，影响用户体验。

虽然路由器、交换机、无线接入点和网卡等单个网络设备都会引入各自的时延，但本指南将这些因素综合起来，提供了一个更大的视角，分析了数据在网络传输过程中所经历的总延迟。

作为云应用程序的开发者，我们可以通过使用缓存、数据压缩、缩短节点之间的距离、拉近用户与应用程序的距离等方式来减少网络时延的影响。

11.1 网络时延的挑战

即便我们的服务器具有高度的扩展性和高性能（甚至可以做到无限快），也无法保证应用程序的实际性能表现良好。这是因为性能的主要挑战并不在于计算能力本身，而在于数据的传输。数据在网络上传输并非瞬间完成，由此产生的延迟被称为网络时延（network latency）。

网络时延取决于距离和带宽这两个因素：距离决定了数据需要传输的物理距离，带宽决定了数据传输的速度。当计算节点、数据源和终端用户不在同一台计算机上时，网络时延就不可避免地存在。系统的分布式架构越广泛，网络时延的影响就越大。网络质量在其中也起到了非常重要的作用，但这一因素是开发者难以控制的。不同用户通过各自不同的网络连接访问应用程序时，网络质量可能大相径庭。

如果数据传输到客户端的时间过长，应用程序的性能和扩展性将受到严重影响。网络时延的影响还会根据用户的地理位置而有所不同：对某些用户来说，系统可能响应极快，而对另一些用户来说，系统可能慢如蜗牛（如俗语所说的"慢如冷糖浆"，即非常慢的意思）。

诚然，想准确了解数据实际传输的距离和有效带宽并不容易。数据的实际路径并非像地图上显示的那样是理想的大圆路径。而且路由器之间的路径是曲折的，并且可能受到单个路由器能力的影响。此外，路径的不同路段可能具有不同的带宽，而且路径还会随着时间变化。

一个简单测量有效带宽（在某个时间点）的方式是使用 ping 工具。*ping* 是一个简单但非常有用的程序，通过实际发送网络数据包，计算数据从一个网络节点到另一个网络节点的往返时间。它可以统计沿途的节点数量，并显示数据包到达目的地再返回所需的时间。表 11-1 显示了从美国波士顿出发的一些 ping 测试时间。当今最快速的网络使用光纤电缆，其数据传输速度约为光速的 66%（186000 英里 / 秒 × 66%=122760 英里 / 秒）。从表 11-1 的数据可以看出，短距离传输的时延更多地受到其他因素的影响，而并非纯粹由物理距离决定。此外，实际的 HTTP 和 TCP 流量的时延通常比 ping 测试更长。随着网页的复杂性增加，网络时延的影响可能迅速累积。尤其是当网页包含大量需要下载的对象时，时延会显著影响页面加载速度。根据 Compuware 在"应用程序性能数据和趋势分析报告"（2012 年 1 月）中的数据显示：非移动端新闻网站的平均页面下载大小超过 1MB，而非移动端旅游网站的平均页面下载大小约为 790KB。

表 11-1：来自波士顿的 ping 测试时间 —— 距离的重要性

域名	地点	每次往返耗时（毫秒）	大致距离（英里）	速度（英里 / 秒）
www.bu.edu (http://www.bu.edu)	波士顿，美国	17	10	1,000
www.gsu.edu (http://www.gsu.edu)	亚特兰大，美国	75	900	12,000
www.usc.edu (http://www.usc.edu)	洛杉矶，美国	51	2600	52,000
www.cam.ac.uk (http://www.cam.ac.uk)	剑桥，英国	50	3300	67,000
www.msu.ru (http://www.msu.ru)	莫斯科，俄罗斯	81	4500	56,000
www.u-tokyo.ac.jp (http://www.u-tokyo.ac.jp)	东京，日本	107	6700	63,000
www.auckland.ac.nz (http://www.auckland.ac.nz)	奥克兰，新西兰	115	9000	79,000

带宽计算

我的带宽能传输多少数据？让我们来做一个简单的数学计算。假设有一个 T1 连接，它的带宽为 1.544 Mb/ 秒。将千比特（Kb）转换为千字节（KB），计算得出约为 193KB/ 秒（1544 ÷ 8= 193 千字节 / 秒）。此计算忽略了错误、重试、速度衰减，并假设连接未被其他用途占用。上传一张完整的 CD-ROM（约 660MB）需要将近 1 小时。上传一张完整的 DVD（约 4.7GB）大约需要 7 小时。这些计算都是在理想的网络条件下进行的，而实际情况中不可能达到理想状态。

11.2 减少可被感知的网络时延

可被感知的网络时延（perceived network latency）是指用户实际体验到的网络时延，可以通过以下技术来减少：

• 数据压缩。

• 后台处理，即在数据到达之前不刷新屏幕。尽管这种方法并不会真正加快数据传输速度，但可以改善用户的主观体验，例如单页 Web 应用程序。

- 预测性预提取，即提前加载用户可能需要的数据。例如，在地图应用中提前加载地图瓦片，即便用户不一定会查看所有瓦片。

这些都是可以减少网络时延影响的合理技术手段，但需要注意的是，这些方法并不会改变网络时延本身。无论是云原生应用程序还是非云应用程序，上述方法本质上都是相同的。

11.3 减少网络时延

我们可以通过以下方式减少网络时延：

- 将应用程序部署在离用户更近的地方。
- 将应用程序数据放置在离用户更近的地方。
- 确保应用程序内部的节点彼此靠近。

共址模式、代客密钥模式、CDN 模式和多站点部署模式是常用的减少网络时延的技术。

11.4 总结

应对网络时延的全面策略需要结合多种方法。一类策略专注于减少用户感知的网络时延。另一类策略则通过缩短用户与应用程序实例之间的距离来实际减少网络时延。

第 12 章

共址模式

本基础模式的核心在于避免不必要的网络时延。

节点间的距离越近，通信速度越快。距离会增加网络时延。在云环境中，"彼此靠近"意味着节点位于同一个数据中心（有时甚至指位于同一机架上）。

有时出于某种目的会刻意将节点部署在不同的数据中心，但本章的重点在于确保理应属于同一数据中心的节点在现实中确实部署在同一数据中心。错误的将节点部署到多个数据中心会导致糟糕的应用性能和不必要的数据传输费用。

这不仅适用于运行应用程序代码的计算节点，还适用于提供云存储和数据库服务的存储节点。此外，它还涉及相关决策，例如日志文件应该存储在哪里等问题。

12.1 背景知识

共址模式能够有效应对以下挑战：

- 一个节点频繁访问另一个节点，如计算节点频繁访问数据库节点。

- 应用程序部署较为简单，只需要在单个数据中心内部署即可，无需跨数据中心部署。

- 应用程序部署较为复杂，涉及多个数据中心，但同一数据中心内的节点之间频繁交互，这些节点可以共址部署在同一数据中心内。中心内部署即可，无需跨数据中心部署。

通常情况下，彼此高度依赖的资源应当共址部署。

多层应用程序通常包含能够访问数据库层的 Web 或应用服务器层。为了减少这些层之间的网络时延，通常希望将它们部署在同一个数据中心。这样做不仅可以最大化这些层之间的性能，还可以避免云服务提供商的跨数据中心数据传输费用。

共址模式通常与代客密钥模式和 CDN 模式结合使用。然而，也有违背该模式的合理情况，例如为了更靠近用户或提升整体可靠性。这些场景在第 15 章"多站点部署模式"中进行了详细讨论。

云平台中的模式支持

公共云平台通常会在全球范围内提多个数据中心，应用程序可以轻松部署到这些数据中心。它们遍布各大洲，有时在同一大洲也会提供多个可供选择的数据中心。应用程序可以灵活选择部署到任意数据中心，并使用该数据中心内的云平台服务。这种多数据中心的灵活性带来了巨大的优势，但同时也引入了风险，应用程序代码和服务可能被不必要地分散到多个数据中心，从而导致额外的成本和用户体验的下降。

12.2 影响

成本优化、扩展性和用户体验。

12.3 机制

仔细想想，这种模式在许多方面都是显而易见的。根据公司硬件基础设施的结构（无论是私有数据中心还是租赁的服务器空间），除了将数据库与访问它们的服务器放在一起，别无他法。

然而，使用公有云服务提供商时，通常可以在多个大陆的多个数据中心中进行选择，有时同一大陆或区域内会有多个数据中心。如果计划将应用程序部署到单个数据中心，通常会有不止一个合理的选择。这既是好消息，也是坏消息：好消息是，可以轻松选择任何数据中心作为部署目标。坏消息是，可能会不小心将数据库部署到一个数据中心，而将访问该数据库的服务器部署到另一个数据中心。

对于数据密集型应用程序而言，分布式部署带来的性能损失可能非常严重。

 基于 Hadoop 的"大数据"应用程序通常具有极高的数据密集性，因此必须将数据和计算节点共址部署。有关详细信息，请参阅第 6 章"MapReduce 模式"。

12.3.1 自动化的作用

强制实现共址部署实际上不是一个技术难题，而是流程管理问题。不过，这个问题可以通过自动化来缓解。

需要采取主动措施，以避免意外地将部署分散到不同的数据中心。实现共址部署实际上不是一个技术难题，而是流程管理问题。不过，这个问题可以通过自动化来缓解。自动化云部署是一种良好的实践，因为它可以减少重复性任务中的人为错误。如果应用程序跨多个数据中心部署，但每个站点基本上独立运行，那么请添加检查机制，以确保数据访问不会意外地跨数据中心。

除了自动化之外，云平台还提供了特定功能，以降低共址部署出错的可能性。

12.3.2 成本考量

如果将数据库和访问它们的计算资源部署在同一数据中心，就可以降低运营成本。反之，如果将它们部署在不同数据中心，就会产生额外的费用。

截至本书编写时，Amazon Web Services 和 Windows Azure 平台不对进入数据中心的网络流量收费，但会对离开数据中心的网络流量收费，即便这些流量是传输到另一个数据中心。

12.3.3 非技术性考量

在某些情况下，可能会有非技术性因素影响应用程序的架构，导致数据库存储位置与访问它的计算资源不同。这些影响因素将在第 15 章"多站点部署模式"中进一步讨论。

12.4 示例：在 Windows Azure 上构建 PoP 应用程序

在开发起始阶段将照片页面（PoP）应用程序部署到单个数据中心并使用云服务是非常合理的。

Windows Azure 允许为可部署的资源指定目标数据中心。例如，可以为代码部署（如 Web 角色、辅助角色或虚拟机）和云服务（如 Windows Azure 存储、SQL 数据库等）指定目标数据中心。当这些资源需要协同工作时，应将它们共址部署在同一数据中心。

12.4.1 关联组

Windows Azure 进一步为某些资源提供了关联组的支持。关联组（affinity group）是一种与数据中心绑定的逻辑资源分组。可以为关联组自定义一个名称，使用符合业务逻辑的名称，而不是通用的数据中心名称。这是云平台为了避免资源同址出错而提供的功能之一。

以 PoP 应用程序为例，如果我们计划将其部署到一个位于北美的数据中心，

可以创建一个名为 *PoP-North America-Production* 的关联组作为生产环境的数据中心。在创建关联组时，需要决定选择哪个北美数据中心，这样就避免了在使用该关联组的后续部署中反复进行选择。所有使用该关联组的后续部署将自动部署到该数据中心，无需再做选择。

截至本文撰写时，并非所有的 Windows Azure 资源都支持关联组。目前只有 Windows Azure 计算和 Windows Azure 存储支持关联组。需要特别注意的是，SQL 数据库不支持关联组，不过仍然可以将其部署到与其他资源相同的数据中心。

关联组与特定的数据中心绑定在一起，还为 Windows Azure 对其所支持的资源类型实施更多的本地优化提供了暗示。不仅所有这些资源位于同一个数据中心，那些从 Web 代码访问的 Windows Azure 存储和辅助角色之间也都会靠得更近、路由跳数更少、数据传输距离也更短。这种优化进一步降低了网络延迟。

在存储账户和云服务之间使用相同的关联组可以确保它们都被共址部署在同一数据中心。

12.4.2　运维日志与指标

如果想使用 Windows Azure 存储账户提供的 Windows Azure 诊断扩展（WAD）和 Windows Azure 存储分析来收集运维日志文件，就需要确保存储资源和计算实例使用了相同的关联组。

一个最佳实践是将 WAD 数据持久化到专门的运维存储账户中，该账户应与生产系统中的其他存储账户分离。这样可以减少潜在的资源争用，并使日志和指标的访问管理更容易。根据数据项的具体类型，各个诊断值会被存储在 Windows Azure Blob 存储或 Windows Azure 表存储中。使用相同的关联组来存储 WAD 数据，以确保这些数据与应用程序的其他部分存储在同一个数据中心。

Windows Azure 存储分析数据会与常规数据存储在一起，而不是单独存储在独立的存储账户中，因此可以自动实现数据的同址存储。

 有关 Windows Azure 诊断扩展和 Windows Azure 存储分析功能的更多详细信息，请参阅第 2 章"水平伸缩计算模式"中"示例"部分，该部分专门讨论了运维日志和指标。此外，这两个功能支持应用程序设置基本的数据保留策略，并由 Windows Azure 存储自动清除超出保留期限的数据。

如果由于技术或业务原因无法实现资源共址部署时，还可以通过使用 Windows Azure 所提供的一些服务来帮助解决此问题。这些服务将在第 15 章"多站点部署模式"的"示例"部分中介绍。

相关章节

- MapReduce 模式（第 6 章）。

- 网络时延模式（第 11 章）。

- 代客密钥模式（第 13 章）。

- CDN 模式（第 14 章）。

- 多站点部署模式（第 15 章）。

12.5 总结

共址部署节点是云部署的最简单方法，通常将所有节点部署在同一个数据中心。这种配置适用于大多数应用程序，并且应该作为默认配置。只有在有充分理由的情况下才偏离此配置，并且应避免意外跨多个数据中心部署，包括运维数据的存储。

第 13 章

代客密钥模式

本模式的核心是如何在与不受信任的客户端交互时有效使用云存储服务。

该模式的灵感来源于现实生活中的代客钥匙的使用场景。当我们愿意将车钥匙交给代客泊车服务员来停车时，我们不希望他们能够访问车内一些不必要的区域，例如手套箱。同样地，这个模式允许为应用程序用户精确指定可以访问的云存储区域、特定的权限，以及访问时间的限制。可以根据需求发放任意数量的代客钥匙（云存储访问密钥），并且每把钥匙可以有不同的权限和访问区域。

云存储服务简化了在不受信任客户端与安全数据存储之间的数据直接传输。这些数据在传输时不需要经过一个受信任的中间层（例如 Web 层）来实现安全性。云存储服务支持数据的直接上传和下载，无需通过 Web 层作为中转站。

直接将数据传输到最终存储位置，可以避免数据通过中间层，从而提高传输速度，降低时延，同时减少 Web 层的负载。由于该模式减少了 Web 层的负载，因此可以降低 Web 层的容量需求，进而减少所需的 Web 服务器节点数量，从而节省成本。然而需要注意的是，该模式还需要能够安全的对云存储进行访问，这通常是通过发放临时访问 URL 来实现。考虑到具体的实现方式，需要增加一些基础设施来创建一个支持该功能的 Web 服务。从整体来看，该模式在性能、扩展性和成本节约方面都具有显著优势。

13.1 背景知识

代客密钥模式可以有效应对以下挑战：

- 应用程序数据文件存储在云存储中，客户端需要访问这些文件。

- 应用程序数据文件存储在云存储中，客户端需要按需访问这些文件。

- 应用程序支持客户端上传数据，这些数据将直接存储到云存储中。

当需要从移动应用程序、桌面应用程序读取和写入数据时，或者在服务器之间通信时，这种模式非常有用。从 Web 应用程序中读取数据也是常见的使用场景，不过由于 Web 浏览器的安全限制，从 Web 应用程序中直接向 Blob 存储写入数据要复杂得多。在某些情况下，可以通过新兴的 HTML5 标准实现此功能。有关详细信息，请参阅附录。尽管如此，目前许多 Web 浏览器仍不支持该场景。

实际应用的例子还有很多。付费视频或培训网站可以允许用户在 24 小时内访问某个视频内容。照片分享网站允许用户直接将新照片或视频上传到云存储中。企业可以通过代客密钥模式，安全高效地与防火墙外的员工或合作伙伴共享资源文件。消费者桌面端上的备份服务可以直接与云存储进行交互，同时限制其访问范围，仅限于访问该用户的文件。翻译服务可以允许客户上传文本、音频和视频文件，翻译后的文件也可以通过同样安全的方式交付回去。

云平台中的模式支持

代客密钥模式之所以可行，是因为云服务屏蔽了大量底层技术的复杂性，并为应用程序提供了易于使用的服务接口。此外，支持多种客户端的软件库进一步简化了客户端代码的开发。

云平台的数据存储服务经过优化，可以在大规模场景下高效读取和写入各种大小的文件，从而减少了应用程序 Web 层对带宽和计算资源的需求。借助云存储服务，应用程序无需承担传输和处理大文件的负担。

有些应用程序采用守门人模式（Gatekeeper Pattern），该模式的核心做法与代客密钥模式完全相反：在守门人模式中，所有数据都必须通过一个中间层来控制访问权限。尽管守门人模式和代客密钥模式都可以在安全性方面得到保障，但代客密钥模式提供了更好的效率和可扩展性。

13.2 影响

扩展性、用户体验。

13.3 机制

访问云存储服务是一种受限的特权操作。通常只会允许应用程序中的受信任子系统（trusted subsystems）对云存储账户具有完全访问权限。这些受信任子系统运行在服务器端，并处于我们的控制之下。

尽管保护和管理数据访问始终是重中之重，但在安全性与效率之间总是存在权衡。我们希望系统保持安全性，但也希望通过最有效的资源利用来提供最佳的用户体验。代客密钥模式专注于在确保安全的同时，以最高效的方式读写 Blob 存储数据。如图 13-1 所示，文件直接在客户端与云存储服务之间传输，数据流应尽可能地高效，无需经过应用程序的 Web 层。

 使用与供应商无关的术语可能会颇具挑战性。Blob 是指二进制大对象（binary large object），这是关系型数据库中常见的术语。本质上，Blob 就是一个文件。不同的云服务供应商对这个概念有不同的命：Windows Azure 存储也将这一概念称为"Blob"，而 Amazon 简单存储服务（简称 S3）称其为"对象（object）"，Rackspace 则称之为"云文件"（cloud files）。而术语的差异还在不断增加。在本章中，Blob 仅仅指文件，而 Blob 存储是指允许在云中存储文件的云平台服务。

存储访问密钥（storage access key）是由云平台为每个存储账户加密生成的密钥，应用程序需要使用此密钥来访问 Blob 存储。无论是桌面应用、移动应用，还是 Web 应用，将此密钥安全地存储在客户端设备上都不是一件容易的事。一旦密钥被泄露，整个存储账户都会面临风险。本模式不会涉及在客户端设备上保护密钥的技术，而是重点介绍另外两种方法：公共访问（public access）和临时访问（temporary access）。

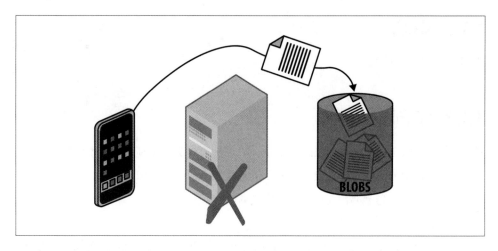

图 13-1：数据直接从客户端上传到云存储，无需经过 Web 层，从而实现高效的数据传输。虽然图中未显示，但在数据上传之前，必须先发放临时访问 URL（即代客密钥）

13.3.1 公共访问

从客户端的角度来看，代客密钥模式涉及两方面内容：读取 Blob 数据和写入 Blob 数据。对于原本就计划公开可见的 Blob 数据，Blob 存储允许我们将其配置为公共读取访问。由于每个 Blob 资源都可以通过 URL 进行访问，这就为我们提供了大量的可能性。共享变得更加简单，只需分发对应的链接即可。Blob 的 URL 引用可以像其他文件一样被嵌入 HTML 页面中，从而使 Web 应用程序可以直接利用 Blob 存储的扩展性，减少 Web 层的负载，例如提供图片、视频、JavaScript 文件和文档等文件的传输。

 匿名公共读取访问功能非常强大，但不支持匿名公共写入访问。如果由应用程序来进行管理，则可以实现临时的读取和写入访问。

13.3.2　授予临时访问权限

公共读取访问允许所有知道 URL 的客户端随时访问 Blob 资源，而且没有任何限制。然而这并不符合我们的需求。如果希望实现更精细的控制，可以使用存储密钥构建一个临时访问 URL（temporary access URL），来授予对特定资源的临时访问权限。客户端可以使用临时访问 URL 访问特定资源，而无法访问其他资源，这就类似于代客密钥的使用场景。

代客钥匙

有些汽车配备了两种类型的钥匙：一种是常规钥匙，可以打开车内所有的锁；另一种是代客钥匙，只提供有限的访问权限。代客钥匙在只希望临时授予部分访问权限但不提供完全访问权限时非常有用。一个经典的应用场景是代客泊车。在代客泊车服务中，我们将车交给一个陌生人，由他们来帮我们停车。为了方便，我们需要把汽车钥匙交给这个陌生人。而代客钥匙非常适合这种场景，因为它只允许司机解锁车门并启动汽车，但无法访问储物区域。在一些新型汽车中，代客钥匙甚至可以限制车辆的最高行驶速度。

在云存储领域，临时访问 URL 就像一把灵活而强大的代客钥匙。它既可以高效、便捷地访问存储资源，又能够限制访问范围，确保客户端只能在特定时间内访问特定资源。

临时访问 URL 不仅限于读取权限，还可以扩展为其他权限，甚至包括写入权限。因此，可以创建一个临时访问 URL，让客户端直接上传文件到 Blob 存储中的指定位置。

临时访问 URL 的有效时间由你的应用程序指定。有效时间的设定可以是刚好足够完成上传、观看一部电影，或是与登录会话的持续时间匹配。选择合适的有效期是由应用程序策略决定的。

临时访问 URL 需要在服务器上生成，然后提供给客户端。根据应用程序的不同，常见的做法包括：在用户登录时提供临时访问 URL，以及通过 Web 服务按需向已认证的调用者发放临时访问 URL。

 在上传 Blob 文件时，可能会遇到短暂性故障，这时需要重试机制。有关详细信息，请参阅第 9 章"忙音模式"。

13.3.3 安全性考量

任何拥有存储访问密钥的代码（无论是在云中还是其他地方）都可以创建临时访问 URL。

临时访问 URL 的安全性依赖于哈希算法（hashing），这是一种成熟的加密技术。它需要使用存储访问密钥来对字符串（在本例中是临时访问 URL）生成唯一签名。每次客户端尝试使用临时访问 URL 时，云存储服务都会验证哈希值。如果哈希值不正确，则拒绝访问。没有存储访问密钥的攻击者无法篡改现有的临时访问 URL、不能创建新的临时访问 URL 或猜测出有效的临时访问 URL。

与现实中的代客钥匙类似，任何持有临时访问 URL 的客户端都可以使用它，并且可以获得该 URL 所授予的所有权限。因此，临时访问 URL 的管理应遵循最小权限原则：仅授予必要的权限，并且仅在必要的时间范围内有效。此外，在传输临时访问 URL 时，应通过安全通道进行传输。由于云平台支持通过 HTTPS 访问 Blob 存储，因此云服务提供商数据中心外的客户端也可以安全地使用临时访问 URL。临时访问 URL 甚至可以安全地用于向常规 Web 浏览器提供页面服务。对于浏览器来说，临时访问 URL 只是一个通过 HTTPS 请求的资源：安全密钥是 URL 的一部分（通常作为查询字符串），HTTPS 保护了查询字符串在传输过程中的安全性，云存储服务处理权限验证。

在现实世界中，丢失的代客钥匙无法被吊销，唯一的办法就是更换锁具。而在云环境中，我们可以使用诸如有效期之类的工具来管理临时访问 URL。Windows Azure 云平台进一步提供了存储访问策略（Stored Access Policy）的支持。与直接包含权限和有效期的临时访问 URL 不同，基于存储访问策略的 URL 只引用策略本身，而不直接包含权限和有效期。存储访问策略规定了权限和有效期，并且可以独立于引用它的 URL 进行更改。这种机制的优势是：临时访问 URL 可以在发放后被吊销，可以延长临时访问 URL 的有效期，可以调整临时访问 URL 的权限。多个临时访问 URL 可以引用相同的存储访问策略。

临时访问 URL 的发放数量没有限制，并且每个 URL 都是相互独立的。

13.4 示例：在 Windows Azure 上构建 PoP 应用程序

照片页面（PoP）应用程序（在前言中已有描述）支持直接从智能手机发布照片。由于智能手机如今能够轻松拍摄高分辨率照片和捕捉高清视频，因此文件大小可能会很大（照片通常为数兆字节，视频则可能达到几十兆字节）。这使得 PoP 应用程序成为代客密钥模式的理想使用场景。

从移动应用程序的角度来看，无论是直接上传到云存储，还是通过 Web 层中封装的 Web 服务上传，其工作量都是一样的。如果使用 Windows Azure 提供的移动客户端库，移动应用程序只需几行代码就可以将文件上传到 Blob 存储。截至本书编写时，移动客户端库已支持 Android、iOS（iPhone、iPad）和 Windows Phone。

Windows Azure Blob 存储提供了公共读取访问和共享访问签名这两个便捷功能，大大简化了上传流程。

13.4.1 公共读取访问

为 Blob 启用公共读取访问非常简单。

Blob 存储容器（类似于目录或文件夹）可以设置为公共访问或私有访问。在 PoP 应用程序中，照片是面向公众的，因此我们可以将所有照片标记为公共可见。一旦标记为公共可见，任何知道 URL 的人都可以读取这些照片。这种配置方式非常适合 PoP，可以用于存储用户上传的照片和视频、自动生成的缩略图以及其他尺寸或格式的变体文件。

在 Windows Azure 存储中，无法将 Blob 配置为允许匿名公共更新。任何形式的更新都必须提供安全凭证，这一点将在接下来的部分中详细描述。

启用 PoP 中照片的公共读取访问后，用户就可以共享特定照片的 URL。这意味着底层的 URL 将会被用户看到。默认情况下，该 URL 指向 Windows Azure 的域名。然而，在 PoP 中，我们希望 URL 指向域名 *http://pageofphotos.com*。可以通过个性化域名（Vanity Domain）来实现这一目标。

使用个性化域名

Blob 存储中常规照片 URL 示例：

http://pageofphotos.blob.core.windows.net/photos/daniel.png

配置个性化域名后的照片 URL 示例：

http://www.pageofphotos.com/photos/daniel.png

13.4.2 共享访问签名

共享访问签名（Shared Access Signature，SAS）是 Windows Azure 存储的一项功能，用于为 Blob 构建临时访问 URL，从而为 Blob 资源提供临时的读取或写入权限。

 PoP 利用 SAS 来实现 Blob 存储的临时访问。除了 Blob 存储外，Windows Azure 存储还支持在其 NoSQL 数据库（Windows Azure 表）和 Windows Azure 队列中使用 SAS。

对于 PoP，其需求是允许用户通过移动应用程序将照片直接上传到 Blob 存储中，但不允许将照片上传到其他用户的账户中。权限信息包含在特殊的 URL 中，确保一个用户无法干扰属于其他用户的 Blob。这种安全级别对于 PoP 来说已经足够。临时访问 URL 包含了权限信息，确保一个用户无法干扰其他用户的 Blob 资源。这样的安全级别对 PoP 来说已经足够。一旦临时访问 URL 被生成并传递给移动应用，移动应用便可以直接从设备上传文件到 Blob 存储，并且可以利用之前提到的移动客户端库来简化上传流程。

SAS 的选择性读取访问

SAS 技术也可以用于为非公共的 Blob 资源提供临时的读取访问 URL。不过 PoP 应用程序并不需要此功能，因为所有照片都是公开访问的。

如果 PoP 需要将一部分照片设为公开访问，而另一部分照片设为私有访问，可以采用以下两种方法：使用私有容器存储照片，并通过 SAS 技术按需提供所有 URL 的临时访问权限。也可以将私有照片移动到单独的 Blob 容器中，从而让原有 Blob 容器中的公共照片保持开放权限。

临时访问 URL 的生成是由应用程序负责的，应用程序还需要将它安全地传递给合适的客户端。在 PoP 移动应用中，SAS 是通过安全的 HTTPS 连接，由经过认证的 Web 服务调用返回给移动应用的。

Windows Azure 存储还支持一种称为访问策略（access policy）的概念，它是一个包含权限的命名集合，可以在创建 SAS 时使用。如果通过访问策略来生成 SAS，那么后续可以对于该访问策略进行修改。并且所有有效的 SAS 会立即调整为新权限。访问策略的一个常见用途是在必要时撤销权限。

> **相关章节**
>
> - 最终一致性入门（第 5 章）。
>
> - 忙音模式（第 9 章）。
>
> - 网络时延模式（第 11 章）。
>
> - 共址模式（第 12 章）。
>
> - CDN 模式（第 14 章）。
>
> - 多站点部署模式（第 15 章）。

13.5 总结

只要安全可行，就应该考虑使用代客密钥模式。管理读取和写入的临时访问权限使得此模式具有广泛的适用性。最常见的难点在于直接从 Web 浏览器上传文件。好在读取操作已得到良好支持，而通过移动应用等更灵活的客户端进行写入操作也已非常成熟。

当使用支持此模式的存储容器时，应用程序可以不使用 Web 页面或 Web 服务充当安全代理来读取或写入安全容器中的数据。这减少了 Web 层的负载，因为 Web 层不再充当数据传输的中间人。此外，所有数据传输相关的代码可以被更简单的临时访问 URL 生成和发放代码替代，而上传逻辑则转移到客户端。客户端代码应利用现有的帮助库来最大程度减少代码复杂性。

最终结果是，应用程序的扩展性变得更好，用户体验也得到了提升。

第 14 章

CDN 模式

本模式的核心是通过全球分布式边缘缓存来减少常用文件的网络时延。

目标是加快应用程序内容的交付速度，从而提升用户体验。内容指的是可以存储在文件中的任何数据，例如图片、视频和文档。内容分发网络（CDN）是一种全球分布的缓存服务，它会在世界各地的多个节点上保存应用程序文件的副本。当这些节点靠近用户时，内容传输的物理距离更短，因此传输速度更快，从而改善用户体验。

CDN 节点战略性地分布在全球各地，希望尽可能地靠近应用程序用户。CDN 拥有自己的 URL 地址，无论用户身在何处，它都可以通过地理负载均衡器来将用户请求引导至最近的节点。

当用户首次请求 CDN URL 时，CDN 节点会从主源服务器（通常称为原始服务器）检索文件，然后将文件返回给用户，同时在本地缓存一份副本，以便满足对该文件的后续请求。当用户再次请求相同的 CDN URL，而该文件已经被缓存时，CDN 节点会直接将本地缓存的副本返回给用户。这比用户从原始服务器检索文件要快得多，因为原始服务器通常离用户更远。当很多用户从同一个 CDN 节点访问相同的内容时，首次请求会比较慢（第一个请求文件的用户需要等待更长时间），但后续的请求会快得多。文件流转过程如图 14-1 所示。

CDN 仅适用于那些会被多次访问的文件。对于很少被访问的文件或仅供单个用户使用的文件，CDN 通常不适用。

每个 CDN 节点都独立运行，彼此之间没有直接依赖。

图 14-1：用户从最近的 CDN 节点直接获取内容。CDN 节点在需要时会从原始服务器获取内容

14.1 背景知识

CDN 模式可以有效应对以下挑战：

- 应用程序数据被从不同的地理位置访问，而这些位置可能距离原始数据中心较远。

- 多个客户端访问相同的应用数据对象（如 HTML、JavaScript、图片、视频或其他文件）。

- 应用程序包含大文件下载、视频流或其他大容量内容交付场景。

对于用来提供内容服务的其他类型的节点，CDN 也同样可以有效减少其负载。

云平台中的模式支持

云平台的 CDN 服务与云服务提供商的 Web 托管管理工具集成，无需复杂配置即可启用。这些服务与云平台其他服务（如 Blob 存储）共享账单，并由同一组织提供技术支持。例如，某些云服务（如 Blob 存储）只需点击几下鼠标即可轻松启用 CDN 支持。基于这些优势，云平台提供的 CDN 服务比直接使用独立的 CDN 服务提供商更加便捷。

14.2 影响

扩展性、用户体验。

14.3 机制

一般来说，数据在互联网上的传输速度取决于数据源和接收方之间的距离。数据源和接收方之间的距离越近，传输速度就越快。缩短数据源与接收者之间距离的一种方式是在靠近接收方的位置缓存数据源的副本。当用户需要访问这些数据时，从最近的缓存位置获取数据的速度比从原始服务器获取数据更快。这种做法通常被称为边缘缓存（edge caching），而 CDN 的作用正是如此。在本章中，我们将专注于通过 HTTP 访问文件。

为了让 CDN 缓存我们的文件，需要做一个简单的更改：将文件 URL 中的正常域名替换为 CDN 提供的专用域名。所有希望 CDN 缓存的文件资源都需要按照新的 URL 方案进行访问。

当用户尝试访问由 CDN 管理的文件时，该请求会发送到 CDN 服务来完成。由于 CDN 的一个优势是在多个地理位置拥有缓存节点，因此需要将用户的请求引导到离用户最近的 CDN 节点。通常，这一过程通过 anycast 路由协议来实现，该协议会帮助识别最近的 CDN 节点，并智能地引导请求。

 虽然所有用户看到的文件 URL 是相同的，但不同用户的请求会被路由到不同的 CDN 节点。这正是 CDN 的主要目的：将请求路由到最近的 CDN 节点，从而提高响应速度。

CDN 是一种专用缓存，因此并不一定预先缓存所有文件。如果某个文件从未通过该 CDN 节点请求过，或者该文件的缓存已经过期，那么 CDN 节点中可能不会有该文件的副本。DN 中存储的每个资源都有一个预定义的过期时间，这个时间由我们的应用程序设置。因此，我们需要合理考虑不同资源的过期时间。例如，公司 logo 可能几个月甚至几年都不会更改，因此可以设置较长的过期时间。而用户头像可能更新频繁，因此可以设置较短的过期时间，例如一小时。资源的过期时间是通过 HTTP 的 *Cache-Control* 头来设置的。Cache-Control 缓存指令是一个长期存在的互联网标准，因此 Web 浏览器能够轻松理解并处理该指令。除了浏览器，有时代理服务器或其他中间节点也会缓存文件，从而将缓存带来的好处扩展到 CDN 之外，覆盖多个用户。一旦资源过期，CDN 会将其从缓存中删除。一些 CDN 服务可能提供其他选项，例如让 CDN 向原始服务器检查过期内容是否已经更改，如果没有更改，则继续使用缓存的对象。

如果某个文件在 CDN 节点中不可用，CDN 服务会作为中间层，从原始服务器检索文件，然后在 CDN 节点中缓存该文件，并将文件返回给用户。

CDN 的局限性

CDN 对在过期前会被访问至少两次的资源有效。对于那些很少被访问的资源，CDN 并不适用。

CDN 对每次请求都变化的资源（例如动态生成的内容）效果不佳。

CDN 并不适合用于非公开访问的内容。

CDN 的优势在于处理频繁访问的文件，尤其是那些很少更改的文件。

缓存可能存在不一致性

CDN 会存储资源的副本，并为每个副本指定过期时间。因此，一个缓存的图片文件可能被设置为有效一小时、一个月或其他适合该资源的时间长度。任何缓存到 CDN 的资源都可能过时，因为从源文件更新到 CDN 缓存副本传播之间存在时间延迟。这种不一致并不一定是问题，但在决定哪些资源应该缓存以及缓存多长时间时，这个因素需要仔细考虑。

 将资源缓存到 CDN 是最终一致性（Eventual Consistency）的一种应用：在性能和可扩展性的优势下，放弃了即时一致性。

14.4 示例：在 Windows Azure 上构建 PoP 应用程序

照片页面（PoP）应用程序（在前言中已有描述）将所有照片存储在 Windows Azure Blob 存储中。为了改善 PoP 用户的下载体验，所有照片的下载均启用了 CDN。

在 Windows Azure Blob 存储中，单个 Blob 文件存储在 Blob 容器（container）中。Blob 容器不仅可以组织文件，还可以为其中的 Blob 设置默认的安全上下文。只有存储在公共容器中的 Blob 才有资格被 CDN 缓存，这里的公共（public）容器指的是只要知道文件的 URL，任何人都可以查看该文件。

配置 CDN

在 Windows Azure 中，为 Blob 存储启用 CDN 是一个简单的配置更改，可以在存储账户级别进行。为了让 CDN 位于用户与 Blob 存储之间，需要创建一个新域名。这个新域名是系统自动生成的。也就是说，我们使用 CDN 服务分配的域名（如 jaromijo1213.vo.msecnd.net），而不是我们自己的域名（如 example.com）。例如：启用 CDN 之前的 URL（*http://example.com/maura.png*）在启用 CDN 之后就会变成 *http://jaromijo.vo.msecnd.net/maura.png*。为了使 CDN 地址看起来不那么杂乱，我们还可以配置个性化域名（也称为 CNAME，即规范名称）。PoP 使用了这个个性化域名功能，将 CDN 域名设置为 *http://cdn.pageofphotos.com*，从而使照片的 URL 与应用程序的主 URL 保持一致。

截至本书编写时，Windows Azure 在全球有 8 个数据中心和 24 个 CDN 节点。由于 CDN 节点的地理位置分布更广，因此使用 CDN 网络可以大大提高全球覆盖率，从而降低网络时延，更快速地分发内容。一个资源必须至少被请求一次才能被加载到 CDN 缓存中。因此，首次请求该资源时的用户体验比较差，而后续的请求速度就会变快。这个过程在每个 CDN 节点上都会出现，因为每个节点都需要独立填充其本地缓存。此外，每当资源过期并从 CDN 缓存中删除时，这种情况也会再次发生。

 这 24 个 CDN 节点各自独立运行，因此每个节点的填充都是独立的。

PoP 的照片通常不会频繁更改，因此，在将照片保存到 Blob 存储时，会通过 Cache-Control 头为每个 Blob 设置一个月的过期时间。如果需要提前更新照片，则必须更改文件名。

Windows Azure CDN 目前并不支持预取（预热）对象以提前填充特定的 CDN 节点。此外，一旦某个对象被 CDN 缓存，就无法轻松移除该对象，因为在缓存过期之前，无法主动清除缓存。因此，我们可以使用一些缓存规避技巧，例如修改文件名或在 URL 中追加查询字符串。例如，我们可以将缓存的图片 URL *kd1hn.png* 修改为 *kd1hn.png?v=1*，从而强制 CDN 重新加载图片，而不是使用当前的缓存版本。这种做法需要更改引用该图片的代码（例如 HTML 页面中的引用）。这些都是通用的缓存技巧，适用于任何遵循 HTTP 头规范的缓存服务，而不仅仅是 Windows Azure CDN。

14.4.1 成本考量

Windows Azure CDN 的访问费用与直接从 Blob 存储访问的费用相同，不会产生额外的静态存储费用。除了用于填充 CDN 节点的"一次额外请求"的成本外，其他费用与直接从 Blob 存储访问一致。"一次额外请求"的触发条件：①每个资源；②每次从 Blob 存储加载资源时（包括首次加载和缓存过期后的重新加载）；③每个 CDN 节点访问该资源时。

14.4.2 安全性考量

Windows Azure CDN 只缓存已公开可见的文件，因此不会降低安全性或增加攻击面。

Windows Azure CDN 支持通过 HTTP 或 HTTPS 访问。这主要是为了改善用户体验，尤其是在用户通过 HTTPS 加载页面时。如果 HTTPS 页面引用了 HTTP 链接的图片，现代浏览器通常会弹出安全警告，提示用户注意混合安全模型。通过使用 HTTPS 访问 CDN 缓存的文件，可以避免此类警告，从而提升用户体验。

14.4.3 其他功能

虽然本章未详细探讨，但 Windows Azure 还提供其他与 CDN 相关的服务。例如：CDN 可以直接从 Web 角色提供文件；Windows Azure 媒体服务提供视频流服务，可与 CDN 集成；转码服务可以帮助应用程序为不同设备优化内容，使内容在手机品牌和桌面操作系统之间的访问体验一致。

 截至本书编写时，Windows Azure 媒体服务仍处于预览阶段，尚不支持生产环境使用。

相关章节

- 最终一致性入门（第 5 章）。

- 网络时延模式（第 11 章）。

- 共址模式（第 12 章）。

- 代客密钥模式（第 13 章）。

- 多站点部署模式（第 15 章）。

14.5 总结

在云应用程序中启用 CDN 是低成本使用云服务的绝佳示例。CDN 的启用可以通过编程方式或一次性手动配置来完成，后者通过云服务商提供的 Web 托管管理工具进行配置。与传统 CDN 相比，云平台 CDN 的启用过程更简单，因为它更便捷、更具集成性。

一旦启用 CDN 这一极佳的技术方案，可以减轻 Web 服务器的负载，将负载分布到多个服务器上（CDN 节点比数据中心更多），并降低网络时延。这些改进既提升了应用程序的扩展性，也改善了用户体验。

第 15 章

多站点部署模式

本高级模式专注于将单个应用程序部署到多个数据中心。

将应用程序部署到多个数据中心可以通过将客户端请求引导到最近的数据中心来降低网络时延，从而提升用户体验。此外，这种模式还为跨数据中心的故障切换提供了基础解决方案，从而提高系统的可用性。

如果多站点部署无法提升用户体验，并且应用程序不需要跨数据中心的故障切换，那么采用此模式可能会过度复杂化，显得不那么必要。

15.1 背景知识

多站点部署模式可以有效应对以下挑战：

- 用户群分布在多个数据中心附近，而非集中在单个数据中心附近，或是用户分布范围广泛。

- 法律法规限制数据只能存储在特定的数据中心。

- 业务需求要求同时使用公共云和本地资源。

- 应用程序需要具备抵御单个数据中心故障的能力。

多站点部署模式可以很好地应对用户群分布不集中的情况。造成这种分布的原因包括：用户在旅行期间从不可预测的位置访问应用程序；全球分布的移动应用；跨多个地理位置设有办公室的公司。

多站点部署模式在某些方面与第 14 章"CDN 模式"类似，因为两者都致力于让应用程序更接近用户。CDN 模式的核心在于将文件缓存到用户附近，并且仅在向用户发送数据时有帮助。多站点部署模式的优势在于将整个应用服务设施更接近用户，从而降低用户上传数据时的时延。CDN 节点数量远多于完整数据中心数量，因此 CDN 提供的覆盖范围通常更广。鉴于上述原因，这两种模式通常会结合使用，以实现更高效的用户体验。

云平台中的模式支持

云平台提供了多种网络服务来支持地理负载均衡和跨数据中心的故障切换。此外，还提供了数据同步和云存储的地理复制等数据服务。这些服务的可用性，以及访问多个地理分布的数据中心的能力，简化了多站点部署中的许多复杂问题。

15.2 影响

可用性、可靠性、扩展性、用户体验。

15.3 机制

如果一个应用程序的全球流量都由一个数据中心来提供服务，那么越靠近该数据中心的区域响应速度越快，而距离较远的区域响应速度通常较差。一般来说，响应速度与距离成反比。那么，应该选择哪个数据中心来部署应用程序呢？多站点部署模式的核心在于选择多个数据中心来在全球范围内提供最佳的用户体验。

主流的公共云平台都在多个大陆上部署了多个数据中心。在使用 Windows Azure 和 Amazon Web Services 时可以选择具体的数据中心位置来进行部署。例如选择在亚洲、欧洲和美国的每个区域各部署一个数据中心，并在每个数据中心中部署一个应用实例。

一旦应用程序被部署到多个数据中心，就需要决定如何将用户引导到合适的数据中心。在本模式中，我们力求使该过程对用户保持透明，从而提供最佳的用户体验。在最基本的场景中需要使用到智能路由服务和数据复制服务。

要将用户路由到最近的数据中心，可以使用云平台提供的地理负载均衡服务，并配置这些服务以将用户引导到距离最近的数据中心。常见的地理负载均衡服务包括 Windows Azure 流量管理器和 Amazon Web Services 弹性负载均衡。

如果希望用户无论被路由到哪个数据中心都能看到相同的数据，就需要在所有数据中心之间复制数据。本章稍后将进一步探讨相关示例。图 15-1 展示了数据中心之间的数据复制。每个数据中心存储了所需数据的本地副本，从而使用户可以被方便地路由到最近的数据中心，并获得最佳的性能。此外，这种拓扑结构还可以应对罕见的故障场景。例如，当某个数据中心不可用时，用户可以自动路由到其他可用的数据中心。

另一种方案是将每个用户分配给特定的数据中心，不过本章不探讨这种场景。

地理负载均衡和数据复制是实现多站点部署的基础。通过这些机制，用户的访问性能会显著提升，因为他们不需要总是从其他大洲的数据中心获取数据和服务。

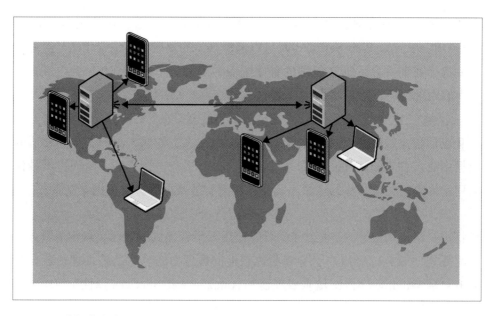

图 15-1：数据中心之间保持同步，以便用户可以访问最近的数据中心，或者在发生故障时切换到备用数据中心。跨越各大洲的箭头连线表示数据中心之间的数据同步。用户设备（笔记本电脑、手机）与数据中心的箭头连线则表示访问最近的数据中心

15.3.1 选择数据中心时的非技术性考量

有时候非技术性因素会促使应用程序的不同层被部署在不同的数据中心，或部署在特定的数据中心。比如为了遵守政府法规、行业要求和其他所谓的数据主权（Data Sovereignty）问题，可能需要选择特定数据中心的位置。举例来说，欧盟（EU）的一些国家要求在欧盟境内运营的应用程序必须将个人身份信息存储在欧盟境内。此外，信用卡行业对处理信用卡数据的应用程序也有特定的安全要求，这些要求可能进一步限制或影响数据中心的选择。

最后，业务上的限制可能要求客户将数据库保留在本地，而不是迁移到云端，但同时又希望通过云服务器访问这些本地数据库。在这种情况下，云平台服务可以通过虚拟专用网络（VPN）来扩展公司的内部网络到云端。这种方式可以安全地处理上述场景，使得运行在云资源上的应用程序能够轻松查询位于其他位置的数据库。

因此，业务考量可能优先于基于性能的纯技术性数据中心选择标准。虽然这些非技术性因素会影响云架构设计，但本模式不重点探讨这一复杂话题。

15.3.2 成本影响

截至本书编写时，Windows Azure 和 Amazon Web Services（AWS）的数据传出流量收费规则如下：数据流出（离开数据中心）会产生费用，而数据流入（进入数据中心）不收费。因此，跨数据中心的流量将会产生费用。即使是在单个数据中心内，如果从外部远程访问云应用程序，也会被视为数据流出，从而产生费用。在本模式中，这一成本考量也适用于数据中心之间的数据库同步和从云访问本地数据库的场景。

将应用程序部署到多个数据中心会带来额外的成本。这些成本需要与用户体验和单一数据中心的稳健性限制进行权衡。如果确实需要多站点部署，还应考虑在没有云服务便利性的情况下自行实现的成本和复杂性。

15.3.3 跨数据中心的故障切换

故障切换（Failover）是指应用程序在主要资源发生故障时，能够使用备用资源继续运行的功能。在本模式中，我们关注的是数据中心的故障，以及应用程序如何在其他可用的数据中心继续运行。例如，希望在自然灾害（如飓风）或云提供商的故障（如软件错误或配置错误）导致服务中断时，从一个数据中心切换到另一个数据中心。

用于多站点部署的工具和技术同样可以帮助提高应用程序的容错能力。例如，用于地理负载均衡的服务可以在用户路由到最近的数据中心时监控服务的健康状况。如果某个服务不可用，则将流量路由到健康的实例。

地理负载均衡器在发现服务未响应之前，需要一定的时间来识别问题。在此期间，用户的应用访问可能出现错误。为了屏蔽用户体验中的错误，可以在客户端实现类似第 9 章"忙音模式"中介绍的重试机制。故障切换完成后，用户将被路由到其他数据中心。如果这些备用数据中心位于其他大陆，那么用户体验会有所下降，但应用程序仍能正常工作。通常来说，部分功能下降要好过完全不可用，但具体情况取决于应用程序的需求。

当"不健康"的服务恢复正常后，流量会重新路由到该服务，从而恢复系统的最大响应能力。

 这种方案无法保证即时或无缝的故障切换，因此会有一定的停机时间。

一种实现故障切换的方法是预先部署备用资源，以便在需要时能够立即启用。这种安排通常分为两种方式："主动 / 被动"（active/passive）和"主动 / 主动"（active/active），其中前面的"主动"指的是数据中心。这两种方式的划分取决于备用资源是处于闲置状态仅在需要时启用，还是始终处于活跃状态。另一种方法是不预先部署任何备用资源，而是在发生故障时临时部署这些资源。这种方案显然会花费更长时间，但成本更低。此话题将在后续的"示例"中进一步讨论。

跨数据中心的故障切换是一个更大范围的灾难恢复（disaster recovery，简称DR）计划的一部分。许多与非云应用程序相关的灾难恢复考量在云环境中同样适用，但这些内容超出了本章的范围。

15.4 示例：在 Windows Azure 上构建 PoP 应用程序

照片页面（PoP）应用程序（在前言中已介绍）在全球范围内提供无缝用户体验时会面临以下挑战：

- 确保用户可以连接到距离最近的数据中心，以获得最佳的访问性能和用户体验。

- 需要在所有数据中心同步账户数据，以便账户所有者和访问者均能随时获取最新信息。

- 在所有数据中心复制用户身份信息，以确保所有数据中心都能够正确地验证用户身份，并识别他们为同一用户。

- 确保照片在全球范围内以高效的方式分发，以减少延迟并优化用户体验。

15.4.1 选择数据中心

截至本书撰写时，Windows Azure 提供了八个分布在不同地理位置的数据中心：

- 两个在亚洲：东部（香港）和东南部（新加坡）。

- 两个在欧洲：北部（荷兰）和西部（爱尔兰）。

- 四个在美国：中北部（伊利诺伊州）、东部（弗吉尼亚州）、中南部（得克萨斯州）和西部（加利福尼亚州）。

由于 PoP 用户遍布全球，我们计划将应用程序部署到三个数据中心：亚洲的新加坡数据中心、欧洲的爱尔兰数据中心、北美的弗吉尼亚数据中心。PoP 的用户不需要知道这三个数据中心的位置。无论用户身处何地，用户的使用体验应该是统一的，不受数据中心位置影响。换句话说，*http://www.pageofphotos.com* 应该是用户唯一需要记住的地址。通过透明的地理负载均衡和数据同步机制，PoP 可以为全球用户提供统一的访问体验。

15.4.2 路由到最近的数据中心

Windows Azure 流量管理器（Traffic Manager）是一个可扩展、高可用且易于配置的地理负载均衡服务。它持续监控所有应用程序部署实例的响应情况。它在后台默默地运行，确保访问者访问 *http://www.pageofphotos.com* 时能够无感知的被引导到响应最快的数据中心。

例如在 PoP 中，亚洲用户访问 *http://www.pageofphotos.com/timothy* 的请求会被路由到 *http://pop-asia.cloudapp.net* 实例。

15.4.3　同步用户数据以提高性能

设想一个居住在爱尔兰的 PoP 用户上传了一些新照片。这些照片可以高效地存储在爱尔兰数据中心，网络时延最小。如果用户将这些照片分享给同样在爱尔兰的朋友，他们的访问请求也会路由到爱尔兰数据中心。到这里，一切都很顺利。

现在，假设这个照片页面的链接通过电子邮件发送给了一些在波士顿的朋友。而来自波士顿的流量将被路由到弗吉尼亚数据中心。那么接下来会发生什么呢？为了能正常工作，弗吉尼亚数据中心需要访问保存在爱尔兰数据中心的相同数据。在 PoP 的设计中，我们采取了两种互补的方案来解决这个问题：一种用于上传的照片，另一种用于账户的其他数据。

用户上传的照片会被存储在最近的数据中心的 Windows Azur 存储 Blob 中。而且应用程序也不会主动将这些照片显式同步到其他数据中心。这些照片的缩略图会在同一数据中心生成，并同样存储为 Blob 文件（使用第 3 章"基于队列的工作流模式"）。由于我们准备使用 CDN 模式（参见第 14 章）来高效的将照片传递给用户，所以照片不会被同步到所有数据中心。

除了照片本身，还有与照片相关的元数据，例如：

- 上传照片的账户信息。

- 访问照片所需的 URL。

- 照片的文字描述。

- 其他相关信息。

这些数据存储在 Windows Azure SQL 数据库中。新照片会上传到最近的数据中心，而元数据也会被保存到最近数据中心的 SQL 数据库中。但与照片 Blob 不同的是，SQL 数据库中的数据会通过 SQL 数据库数据同步服务同步到所有三个数据中心。

配置数据同步

SQL 数据同步服务的配置包括：请求创建一个数据同步服务器（Data Sync Server）；创建一个同步组（Sync Group），指定需要保持同步的数据库实例；将三个需要同步的数据库实例的名称添加到同步组中；选择所需的同步规则；启动同步任务。同步任务按照预设的时间间隔运行。目前，最短支持的同步频率为每五分钟一次。

 截至本书撰写时，SQL 数据库数据同步服务仍处于预览阶段，尚不支持生产环境使用。

全球任意地点的用户在访问照片页面时都会被引导到最近的数据中心。HTML 页面由最近的数据中心返回，而每张照片将通过全球 24 个 CDN 节点之一提供。

SQL 数据库实例之间的同步是最终一致性的。例如，假设一位爱尔兰的 PoP 用户将照片页面分享给波士顿的朋友。在短时间窗口内，爱尔兰的 PoP 用户可以立即看到新上传的照片，而美国和亚洲的 PoP 用户则暂时无法看到。这个不一致问题会随着 SQL 数据库数据同步服务的执行而最终解决。

15.4.4 同步账户的身份信息

虽然匿名用户可以查看任意的照片页面，但所有上传的照片都归属于 PoP 注册用户。在 PoP 上创建账户非常简单，因为 PoP 不直接管理用户凭据，而是依赖联合身份认证（Federated Authentication）。PoP 进行了配置，允许用户通过他们正在使用的身份提供商（Identity Provider, IdP）来登录。PoP 支持的 IdP 包括 Google、Yahoo!、Facebook。（尽管可以支持更多的身份提供商，但 PoP 并没有这么做。）当用户第一次通过 IdP 登录 PoP 时，他们需要授权该 IdP 与 PoP 共享登录信息。实际上，IdP 是将登录信息共享给 Windows Azure 访问控制服务（ACS），而不是直接共享给 PoP。PoP 需要从 ACS 获取用户的身份信息。对于 PoP 支持的任何 IdP，我们关注的关键信息是经过验证的电子邮件地址。由于 PoP 所信任的 IdP 都是信誉良好的，因此我们相信这些提供商提供的电子邮件地址是准确的。PoP 使用电子邮件地址作为 SQL 数据库实例中的唯一账户键，从而将上传的照片与特定用户账户绑定。

还要注意的是，PoP 不知道也不存储用户密码，只有底层的 IdP 才掌握这些信息。通过加密技术，IdP 可以安全地向 PoP 传递用户身份信息，验证用户的身份，并提供一个加密的安全声明（claim），其中包含用户的电子邮件地址。对于 PoP 来说，这些信息已经足够。因此，PoP 的开发工作可以专注于功能实现，而无需处理复杂的身份认证基础设施建设。

 在构建云原生应用时，联合身份认证、声明（Claims）和身份提供商（IdPs）是至关重要的概念。关于这些主题足以写一本书来详细讲解。（附录 A 中引用了相关书籍。）本章的核心要点是：某个外部实体（IdP）告诉我们当前用户拥有一个特定的电子邮件地址（通过声明表示），而 PoP 可以信任这个信息的准确性。

Windows Azure 访问控制服务（ACS）在 PoP 和每个 IdP 之间充当中介。对于 PoP 来说，使用 ACS 极大地简化了身份认证流程，因为不同 IdP 的行为差异很大。如果应用程序直接与 IdP 交互，身份认证过程可能会非常复杂。ACS 帮助应用程序管理与多个身份提供商的关系，抽象掉实现细节，并规范化声明，以便声明在到达应用程序时保持一致。

配置 ACS

配置访问控制服务（ACS）包括为每个支持的身份提供商设置一组规则。ACS 的基本配置流程通过向导式的用户界面来完成，适合常规配置。Google 和 Yahoo! 的配置可以直接在 ACS 界面中完成。Facebook 的配置则需要在 Facebook 官方网站上完成一些额外的配置。此外，ACS 也支持编程式进行配置。对于 PoP 来说，配置非常简单：从 IdP 传递的所有声明直接传递给 PoP，其中包含电子邮件地址声明。同时，为几个特殊的电子邮件账户（即 PoP 站点管理员）注入一个"管理员"角色声明。

以上关于 ACS 如何帮助 PoP 实现身份认证的介绍，是为了给多站点部署提供一些上下文信息。简而言之，PoP 需要在每个支持的数据中心为每个身份提供商重复配置此设置。

15.4.5 数据中心故障切换

鉴于 PoP 已经部署在三个数据中心，我们还需要采取哪些措施来确保在一个数据中心发生故障时能够实现故障切换呢？

 支持数据中心进行故障切换是一个重大的决策，涉及诸多风险和权衡。本节所描述的方案适用于 PoP 的应用场景和业务需求，但这些风险和权衡对其他应用程序和业务可能不一定适用。

PoP 使用 Windows Azure SQL 数据库实例进行数据同步。如前所述，数据在不同数据中心之间同步时，仍可能存在短时间的数据丢失窗口。如果这种同步策略无法满足要求，则很难克服这一挑战。

PoP 在每个数据中心都配置了访问控制服务的身份提供商，因此无论用户通过哪个数据中心进行身份验证，PoP 都能正确识别用户身份。

PoP 使用 Windows Azure 存储将照片和缩略图保存为 Blob 文件。由于 Windows Azure 平台会自动对 Blob 文件进行地域之间的复制，因此 PoP 没有采取额外的手段来同步这些 Blob 文件。此外，Windows Azure 存储表也同样会在地域之间进行复制。每个数据中心都与同一大陆的另一个数据中心配对，例如：亚洲的两个数据中心会相互复制，欧洲的两个数据中心会相互复制，在美国，北中部数据中心与南中部数据中心配对，东部数据中心与西部数据中心配对。在极少数情况下，例如发生重大灾难导致一个数据中心长期不可用时，存储服务将自动切换到其复制配对数据中心。切换过程无需用户干预。不过需要注意的是，在故障切换期间，Blob 请求可能会暂时失败。一旦切换完成，服务将恢复正常。然而即便如此，仍存在一个短时间的数据丢失窗口。

PoP 使用 CDN 模式来将照片和缩略图交付到靠近用户的位置。由于 Windows Azure 的八个数据中心也都托管了 CDN 节点，因此数据中心故障也同样会影响 CDN。此外，其他 CDN 节点也可能会单独出现故障。内置的 CDN 路由逻辑可以自动检测 CDN 节点故障并对流量的路由进行更改。不过，在故障切换期间文件交付仍可能出现短暂中断。鉴于 CDN 的特性，分布在全球的 CDN 节点很可能在 Blob 文件不可用期间为用户提供一定程度的保护，因为许多照片已经被缓存到全球各地的 CDN 节点上了。

最后一步是更新流量管理器的配置。正如我们之前所描述的，会将用户请求路由到响应速度最快的数据中心。同时，流量管理器还可以处理故障切换场景。例如，如果飓风导致弗吉尼亚数据中心不可用，流量管理器可以将用户请求路由到新加坡或爱尔兰数据中心（由流量管理器自动选择对用户来说最快的选项）。虽然用户体验相比直接访问北美数据中心有所下降，但至少比服务完全不可用要好。需要注意的是，在故障切换期间，流量管理器仍可能将流量路由到正在发生故障的数据中心。

因为故障切换目标资源已预先部署且处于活动状态，因此这是一种主动/主动（Active/Active）故障切换配置。

15.4.6 托管替代方案

如前所述，许多非技术性业务因素可能限制数据存储位置的选择。在 Windows Azure 中，有一些功能可以帮助我们在这些限制条件下最大化的利用资源。这些功能包括：

- Windows Azure 虚拟网络和 Windows Azure Connect 可以在 Windows Azure 服务和其他网络之间建立安全的虚拟专用网络（VPN）连接。这样就可以实现许多集成场景。例如，允许运行在 Windows Azure 上的计算资源访问本地数据中心的数据库。

- Windows Azure 服务总线支持支持跨防火墙通信的多个安全场景，包括发布 / 订阅连接的设备和发布 / 订阅断开连接的设备。无论防火墙或数据中心配置如何，这些功能都能实现安全高效的跨应用通信。

- SQL 数据同步服务用于云到云的同步，这已作过介绍。该服务还可以用于云端与本地数据库之间的同步。

这些服务有助于和本地数据库或其他数据中心的服务进行集成。

相关章节

- 水平扩展计算模式（第 2 章）。

- 基于队列的工作流模式（第 3 章）。

- 最终一致性入门（第 5 章）。

- 节点故障模式（第 10 章）。

- 网络时延模式（第 11 章）。

- 共址模式（第 12 章）。

- 代客密钥模式（第 13 章）。

- CDN 模式（第 14 章）。

15.5 总结

使用多站点部署模式主要是为分布在不同地理位置的用户群体提供更好的用户体验。用户并不一定需要遍布全球，只要他们分布在不同的区域，那么通过部署多个数据中心就可以显著提升性能，从而实现优化目标。

这种模式对于需要故障切换策略的应用程序也非常有用，可以帮助应用程序在某个数据中心不可用时保持服务的可用性。虽然这是一个复杂的话题，但本章中的许多组件可以助你一臂之力。

多站点部署模式会导致应用程序比采用单一数据中心解决方案更加复杂且成本更高，因此需要评估其业务价值并且权衡成本。

补充阅读

照片页面（POP）示例

"照片页面"示例应用贯穿全书。其中部分内容已经使用 Windows Azure 实现，并用来对书中所介绍的概念做了演示。"照片页面"的代码会共享在 GitHub 上的公共仓库中。代码在刚开始时的实现极为简单，之后在作者和同伴们的合作下逐步完善。

- 运行"照片页面"（PoP）示例应用程序请访问：*http://www.pageofphotos.com*

- 查看"照片页面"（PoP）示例应用程序源代码请访问：*http://www.github.com/codingoutloud/pageofphotos*

- 获取本书信息及相关内容请访问：*http://www.cloudarchitecturebook.com*

前言及章节中的资源

- Windows Azure 平台：*http://www.windowsazure.com*

- 亚马逊云计算服务（Amazon Web Services, AWS）：*http://aws.amazon.com/*

- 谷歌应用引擎（Google App Engine）：*http://developers.google.com/appengine/*

- NIST 云计算定义（SP 800-145，2011 年 9 月）：*http://csrc.nist.gov/publications/nistpubs/800-145/SP800-145.pdf*

- NIST 云计算概要与建议（SP 800-146，2012 年 5 月）：*http://csrc.nist.gov/publications/nistpubs/800-146/sp800-146.pdf*

第 1 章

- Compuware 对 33 家主要零售商的 1000 万次主页浏览进行的分析表明，页面加载时间延迟 1 秒，转化率就会降低 7%。资料来源：Compuware，2011 年 4 月。

- 谷歌观察到，页面响应时间延迟 500 毫秒会导致流量减少 20%。资料来源：Marissa Mayer 在 2006 年 Web 2.0 大会上的演讲"What Google Knows"，2006 年 1 月 9 日。*http://conferences.oreillynet.com/presentations/web2con06/mayer.ppt*

- 雅虎观察到，页面响应时间增加 400 毫秒会导致流量减少 5%~9%，以及亚马逊网站报告，页面响应时间增加 100 毫秒会导致零售收入减少 1%。资料来源：*http://blog.yottaa.com/2010/11/secret-sauce-for-successful-web-site-web-performance-optimization-wpo*

- 谷歌已经将网站性能作为搜索引擎排名的一个指标。资料来源："Using site speed in web search ranking"，*http://googlewebmastercentral.blogspot.com/2010/04/using-site-speed-in-web-search-ranking.html*

- 自我引发的扩展故障实例：*http://glinden.blogspot.com/2006/11/amazon-crashes-itself-with-promotion.html*

- ITIL：*http://en.wikipedia.org/wiki/Information_Technology_Infrastructure_Library*

第 2 章

- Windows Azure 存储分析：日志和指标：*http://blogs.msdn.com/b/ windowsazurestorage/archive/2011/08/03/windows-azure-storage-analytics. aspx*

- Windows Azure 诊 断：*http://msdn.microsoft.com/en-us/library/ windowsazure/gg433048.aspx*

- 关于负载均衡：*http://1wt.eu/articles/2006_lb/*

第 3 章

- Comparing Windows Azure Storage Queues with Amazon Simple Queue Service：*http://gauravmantri.com/2012/04/15/comparing-windows-azure- queue-service-and-amazon-simple-queue-servicesummary/*

- Comparing the two queue services offered by Windows Azure：*http://msdn. microsoft.com/en-us/library/windowsazure/hh767287.aspx*

- 在 Windows Azure 队列中更新消息：*http://msdn.microsoft.com/en-us/ library/windowsazure/hh452234*

- 松耦合：*http://en.wikipedia.org/wiki/Loose_coupling*

- 使用 SignalR 实现 ASP.NET 中的长轮询：*http://signalr.net*

- 使用 Socket.IO 实现 Node.js 中的长轮询：*http://socket.io*

- CQRS 模式：*http://martinfowler.com/bliki/CQRS.html*

- CQRS：*http://www.cqrsinfo.com/*

- 事件溯源：*http://martinfowler.com/eaaDev/EventSourcing.html*

第 4 章

- Enterprise Library 5.0 Integration Pack for Microsoft Azure（包 含 WASABi）：*http://msdn.microsoft.com/en-us/library/hh680918*

- 监控和自动扩展 Windows Azure 应用的托管服务：AzureWatch（Paraleap Technologies 提供）：*http://www.paraleap.com*；AzureOps（Opstera 提供）：*http://www.opstera.com*

- 亚马逊云计算服务的自动缩放：*http://aws.amazon.com/autoscaling*

- Ticket Direct case study that sharded databases then consolidated depending on ticket sales: New Zealand-based TicketDirect International：*http://www.microsoft.com/casestudies/Case_Study_Detail.aspx?CaseStudyID=4000005890*

第 5 章

- Pat Helland 的 "Life beyond Distributed Transactions: an Apostate's Opinion"：*http://www-db.cs.wisc.edu/cidr/cidr2007/papers/cidr07p15.pdf*

- Eric Brewer 的 "CAP Twelve Years Later: How the "Rules" Have Changed"：*http://www.infoq.com/articles/cap-twelve-years-later-how-the-rules-have-changed*

- BASE：*http://queue.acm.org/detail.cfm?id=1394128*

- 最终一致性：http://queue.acm.org/detail.cfm?id=1466448

- CloudFront 中的最终一致性：*http://docs.amazonwebservices.com/AmazonCloudFront/latest/DeveloperGuide/Concepts.html*

- 谷歌 BigTable：*https://developers.google.com/appengine/docs/python/datastore/overview*

- 亚马逊 Dynamo SOSP 论文：*http://www.allthingsdistributed.com/files/amazon-dynamo-sosp2007.pdf*

- Azure Storage SOSP 论文：*http://sigops.org/sosp/sosp11/current/2011-Cascais/printable/11-calder.pdf*

第 6 章

- Hadoop：*http://hadoop.apache.org*

- Windows Azure 中的 Hadoop：*http://www.hadooponazure.com*

第 7 章

- An Unorthodox Approach to Database Design: The Coming of the Shard：*http://highscalability.com/unorthodox-approach-database-design-coming-shard*

- 有关 Windows Azure SQL 数据库中 Federations 的官方学习资源：*http://msdn.microsoft.com/en-us/library/windowsazure/hh597452.aspx*

- Cihan Biyikoglu 的博客（关于 Windows Azure SQL 数据库 Federations 的推荐阅读）：*http://blogs.msdn.com/b/cbiyikoglu*，推荐阅读内容：

  — Implementing MERGE command using SQL Azure Migration Wizard by *@gihuey: http://blogs.msdn.com/b/cbiyikoglu/archive/2012/02/20/implementing-alter-federation-merge-at-command-using-sql-azure-migration-wizard-by-gihuey.aspx*

  — Introduction to Fan-out Queries for Federations in SQL Azure (Part 1): Scalable Queries over Multiple Federation Members, MapReduce Style!: *http://blogs.msdn.com/b/cbiyikoglu/archive/2011/12/29/introduction-to-fan-out-queries-querying-multiple-federation-members-with-federations-in-sql-azure.aspx*

- Windows Azure SQL 数据库 Federations 的集成分片支持：*http://blogs.msdn.com/b/cbiyikoglu/archive/2012/02/08/connection-pool-fragmentation-scale-to-100s-of-nodes-with-federations-and-you-won-t-need-to-ever-learn-what-these-nasty-problems-are.aspx*

- Federations：*http://msdn.microsoft.com/en-us/magazine/hh848258.aspx*

- 在 MongoDB 中选择分片键：*http://www.mongodb.org/display/DOCS/Choosing+a+Shard+Key*

- SQL Azure 数据同步：*http://msdn.microsoft.com/en-us/library/windowsazure/hh667301.aspx*

- Windows Azure 表存储服务：*http://www.windowsazure.com/en-us/develop/net/how-to-guides/table-services/*

- 使用 NEWID 在 SQL 数据库 Federations 中生成的 GUID 作为集群键：*http://msdn.microsoft.com/en-us/library/ms190348.aspx*

第 8 章

- 多租户定义：*http://en.wikipedia.org/wiki/Multitenancy*

- 商品硬件定义：*http://en.wikipedia.org/wiki/Commodity_hardware*

第 9 章

- 多租户定义：*http://en.wikipedia.org/wiki/Multitenancy*

- Topaz 的 "Transient Fault Handling Application Block"：*http://msdn.microsoft.com/en-us/library/hh680934(v=PandP.50).aspx*

- Scalability Targets for Windows Azure Storage：*http://blogs.msdn.com/b/windowsazurestorage/archive/2010/05/10/windows-azure-storage-abstractions-and-their-scalability-targets.aspx*

- Implementing Retry Logic on Windows Azure：*http://www.davidaiken.com/2011/10/10/implementing-windows-azure-retry-logic/*

- 故障隔离与恢复：*http://www.faqs.org/rfcs/rfc816.html*

- Netflix 的 Chaos Monkey 工具：*http://techblog.netflix.com/2011/07/netflix-simian-army.html*

第 10 章

- 理解数据中心中的网络故障：测量、分析和影响：*http://research.microsoft.com/en-us/um/people/navendu/papers/greenberg09vl2.pdf*

- Windows Azure 如何识别角色实例（节点）的故障：*http://blogs.msdn.*

com/b/mcsuksoldev/archive/2010/05/10/how-does-azure-identify-a-faulty-role-instance.aspx

- Windows Azure 故障排除的最佳实践：*http://msdn.microsoft.com/en-us/library/windowsazure/hh771389.aspx*

- 更新 Windows Azure 部署，包括故障域和更新域：*http://msdn.microsoft.com/en-us/library/ff966479.aspx*

第 11 章

- Ping：*http://en.wikipedia.org/wiki/Ping*

- "愚蠢的"延迟：*http://rescomp.stanford.edu/~cheshire/rants/Latency.html*

第 12 章

- 地缘组的重要性：*https://msmvps.com/blogs/nunogodinho/archive/2012/03/04/importance-of-affinity-groups-in-windows-azure.aspx*

第 13 章

- Windows Azure 移动设备工具包（支持 Android、iOS、Windows Phone 等）：*https://github.com/WindowsAzure-Toolkits*

- Restricting Access to Containers and Blobs（Windows Azure）：*http://msdn.microsoft.com/en-us/library/windowsazure/dd179354*

- Web 浏览器同源策略：*http://en.wikipedia.org/wiki/Same_origin_policy*

- 使用共享访问签名（REST API）：*http://msdn.microsoft.com/en-us/library/windowsazure/ee395415.aspx*

- Rahul Rai 的示例代码：通过 HTML5 Web 浏览器访问 Windows Azure Blob 存储：*http://code.msdn.microsoft.com/windowsazure/Silverlight-Azure-Blob-3b773e26*

- 可信子系统设计：*http://msdn.microsoft.com/en-us/library/aa905320.aspx*

第 14 章

- Anycast 协议实现 CDN 的地理负载均衡：*http://en.wikipedia.org/wiki/Anycast*

- Windows Azure 媒体服务：*https://www.windowsazure.com/en-us/home/features/media-services/*

- 关于 Windows Azure CDN 演讲的录像：*http://channel9.msdn.com/Events/TechEd/NorthAmerica/2011/COS401*

第 15 章

- Windows Azure SQL 数据同步服务：*http://msdn.microsoft.com/en-us/library/windowsazure/hh456371.aspx*

- Windows Azure 流量管理器（Traffic Manager）：*http://msdn.microsoft.com/en-us/wazplatformtrainingcourse_windowsazuretrafficmanager.aspx*

- 基于声明的身份和访问控制指南：*http://msdn.microsoft.com/en-us/library/ff423674.aspx*

- Windows Azure 访问控制服务（ACS）：*http://msdn.microsoft.com/en-us/library/windowsazure/gg429786.aspx*

- 自动化 Windows Azure 访问控制服务（ACS）：*http://msdn.microsoft.com/en-us/library/gg185927.aspx*

- ACS 自动化示例代码：*http://acs.codeplex.com/releases/view/57595*

- SQL Azure 点时间恢复（预览版）：*http://www.microsoft.com/en-us/download/details.aspx?id=28364*

- Windows Azure SQL 数据库的业务连续性：*http://msdn.microsoft.com/en-us/library/windowsazure/hh852669.aspx*

作者介绍

Bill Wilder 是一名实战型开发人员、架构师、顾问、培训师、演讲者、作家和社区领袖，专注于帮助企业和个人利用 Windows Azure 平台在云计算中取得成功。Bill 自 2008 年微软在 PDC（专业开发者大会）上首次发布 Windows Azure 后，便开始接触该平台。随后，他于 2009 年 10 月创立了波士顿 Azure 用户组（Boston Azure），这是全球第一个也是最古老的 Windows Azure 用户组。Bill 被微软授予 Windows Azure MVP 称号，并著有《Cloud Architecture Patterns》一书。Bill 的博客地址是：*http://blog.codingoutloud.com*，Twitter 用户名是：@codingoutloud（*http://www.twitter.com/codingoutloud*）。